3판

국방 M&S

조성식 · 김종환 · 박종복
김수찬 · 김민수 · 문형곤 지음

MODELING & SIMULATION

교문사

인류의 역사는 전쟁의 역사라 할 정도로 인류는 고대부터 현대에 이르기까지 끊임없는 전쟁 속에서 살고 있다. 6·25전쟁에서 알 수 있듯이 전쟁의 결과는 너무 참혹하기 때문에 우리 군은 더 이상의 전쟁이 발발하지 않도록 하면서 유사시를 대비하여 군사적인 수단을 강구하고 준비에 만전을 기하고 있다. 이를 구현하는 가장 현명한 방법은 직접 전쟁을 수행하지 않으면서 전쟁의 결과를 예측하고 그 결과에 대한 분석을 통해 대비하는 것이다. 이를 위한 주요 수단과 방법이 바로 국방 M&S(Modeling & Simulation, 모델링 및 시뮬레이션)이다.

국방 M&S는 전장의 상황을 실제와 가장 유사하게 모델링하고 모델링의 결과물인 모델 또는 기타 도구를 활용하여 시뮬레이션함으로써 전쟁의 결과를 예측하는 가장 강력한 수단이다.

야전부대를 포함한 우리 군의 모든 부대는 훈련용 시뮬레이션 모델을 활용하여 대대급 부대에서부터 한반도 전구 수준의 부대에 이르기까지 전투지휘훈련을 수행하고 있고, 무기체계 소요기획 단계부터 운영유지 단계까지 분석용 시뮬레이션 모델을 활용하여 소요의 타당성과 부대의 작전계획을 분석하고 있으며, 무기 개별 구성품에서부터 전체 체계에 이르기까지 획득용 시뮬레이션 모델을 활용하여 보다 효과적인 방법으로 무기체계를 개발하고 있다. 이와 같이 국방 M&S는 우리도 모르는 사이에 군의 요소요소에 적용되어 과학적인 의사결정을 지원하는 데 매우 큰 역할을 담당하고 있다. 이러한 현실을 반영하여 육군사관학교는 생도들에게 국방 M&S의 현주소를 인식시키고 국방 M&S에 포함된 주요한 원리를 이해시킬 뿐만 아니라 작전계획을 분석하고 전투지휘훈련을 수행하는 데 활용되는 주요한 국방시뮬레이션 모델을 직접 다루어 봄으로써 과학적인 의사결정 능력을 배양하고 있다.

이에 따라 본 교재는 학부에서 한 학기 동안 다루어지는 분량으로, 국방 M&S를 개념 수준에서 시작하여 핵심 모의논리를 학습하고 주요 국방시뮬레이션 모델을 실습하는 형태로 구성되어 있다. 그리고 이번 3판 개정을 통해 독자들의 주된 요청이었던 각 단원별 핵심 예제풀이를 추가하기 위해 노력하였다.

1장은 서론으로 국방 M&S 정의, 분류, 활용 및 주요 기술을 소개하였으며, 2장은 란체스터 모형으로 대표되는 확정형 모델링을 다루었다. 3장은 몬테카를로 시뮬레이션으로 대변되는 확률형 모델링을 설명하였으며, 4장은 지상이동, 탐지, 직접사격 및 간접사격 등 주요한 전투모의 논리와 명중확률을 소개하였다. 5장과 6장은 실습과 연계하여 소부대 전투분석에 적용 가능한 지상무기효과분석모델과 초급장교에게 가장 필요한 연대·대대 전투지휘훈련 모델을 다루었다.

본 교재는 광범위한 국방 M&S 모든 영역을 다루지 못했지만, 학부 수준에서 특히 향후 장교로 임관하게 될 사관생도 및 후보생들에게 한 학기 동안 기본이론부터 실습까지 체계적으로 학습할 수 있도록 구성되어 있다.

끝으로 책이 완성되기까지 성심을 다해 협조해주고 책의 완성도를 높여주신 교문사와 육군사관학교에 감사드린다.

2020년 7월
저자 일동

차례
CONTENTS

PART 3 모의 논리   SIMULATION LOGIC

PART 4 국방시뮬레이션 모델   DEFENSE SIMULATION MODEL

PART 1
개요
OVER VIEW

CHAPTER 01 서론

01

서론

1.1 국방 M&S 정의

최근 휴대용 스마트 기기의 시장이 급격하게 커지면서 스포츠 경기, 카레이싱, 전략 및 전투 시뮬레이션 등 다양한 컴퓨터 게임이 대중적 인기를 얻고 있다. 이러한 컴퓨터 게임을 비롯하여 특정한 목적을 달성하기 위하여 실제 세상 또는 현상을 컴퓨터 프로그램을 이용하여 묘사하는 기술을 모델링(modeling) 및 시뮬레이션(simulation)이라 부른다. 컴퓨터 게임은 게임을 하는 사람의 재미를 목적으로 모델링 및 시뮬레이션 기술을 사용한 것이라 한다면, 국방 분야에서도 전쟁을 준비하고 전쟁 수행능력을 향상시킬 목적으로 실제 전쟁을 묘사해보기 위하여 모델링 및 시뮬레이션 기술이 사용되고 있다(그림 1.1 및 그림 1.2 참조).

▌그림 1.1 컴퓨터 게임 '리니지' 화면

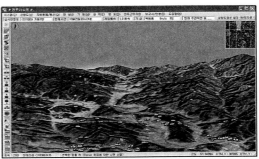

▌그림 1.2 시뮬레이션 모델 '전투21' 화면

이렇듯 국방 분야에서 여러 목적에 따라 사용되는 모델링 및 시뮬레이션 기술을 국방 모델링 및 시뮬레이션 또는 간단하게 국방 M&S라 부르는데 최근에는 무기체계 획득사업, 군사훈련, 전술방책 분석 등 여러 분야에 걸쳐 국방 M&S의 역할이 매우 중요시되고 있다. 이에 본 절에서는 먼저 모델, 모델링, 시뮬레이션의 의미에 대해 알아본 후 국방 M&S란 무엇인지 정의해보기로 하겠다.

모델의 일반적 의미는 "본보기가 되는 대상이나 모범"(표준국어대사전)이라 할 수 있는데 실제로는 그 관심 분야에 따라서 조금씩 다른 의미로 사용되고 있다. 예를 들어, 미술 분야에서는 모델을 "조각이나 회화 등의 모방 대상이 되는 인물이나 사물"이라는 의미로 사용하고 있는 반면, 제조업의 관점에서 보면 모델은 "최종 제품을 만들기 전에 미리 만든 물건 또는 완성된 제품의 대표적인 보기"라고 할 수 있다. 국방 M&S에서의 모델의 의미를 이해하기 위해서는 모델에 대한 일반적 의미 또는 미술, 제조업 등의 분야에서의 의미보다는 학문적 관점에서 사용되고 있는 모델의 의미를 이해하는 것이 필요하다.

학문적 관점에서 모델은 '복잡한 문제나 자연 또는 사회 현상 따위를 개념적, 물리적, 수학적 수단을 이용하여 표현한 것'이다. 우리가 경험하는 실제 문제나 현상들은 매우 다양한 요인들이 복합적으로 작용하여 벌어지기 때문에 이러한 요인과 작용을 모두 포함하여 있는 그대로 표현하는 것은 거의 불가능하다. 그러므로 모델은 어떤 문제나 현상을 이해하고 해석하기 위해 이에 영향을 미치는 요인들과 그들 간의 상호작용을 논리적으로 단순화시킨 다음 이를 개념적으로 서술하거나 물리적, 수학적 수단을 이용하여 표현한 것이라 할 수 있다. 그리고 모델링은 어떤 문제와 현상을 개념적, 물리적, 수학적으로 표현하기 위해 이와 관련된 요인들을 밝혀내고 요인들 간의 상호작용과 인과관계를 논리적으로 단순화해 나가는 행위 과정이라고 이야기할 수 있다.

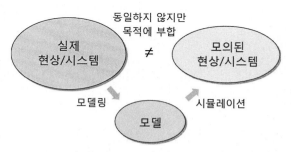

▌그림 1.3 실제 현상/시스템, 모델, 모의된 현상/시스템 간의 관계

한편 표준국어대사전에 따르면 시뮬레이션이란 "복잡한 문제나 사회 현상 따위를 해석하고 해결하기 위하여 실제와 비슷한 모형을 만들어 모의적으로 실험하여 그 특성

을 파악하는 일. 실제로 모형을 만들어 하는 물리적 시뮬레이션과 수학적 모델을 컴퓨터상에서 다루는 논리적 시뮬레이션 따위가 있다."라고 설명하고 있다. 다시 말해 시뮬레이션은 모델링을 통해 만들어진 모델을 작동시켜 본래의 문제나 현상과 유사한 작용이 가상적으로 일어나도록 하는 것으로 그림 1.3에서와 같이 통상 모델 구성요소의 값들이 시간 경과에 따라 어떻게 변화하는지를 알아보게 된다.

　요컨대 M&S란 본래의 문제나 현상을 표현할 수 있는 모델을 만들고 이를 구성하는 요소들의 값이 시간 경과에 따라 어떻게 변화하는지를 알아보는 것으로, 어떤 문제를 해결하고자 할 때 의사결정의 기초자료를 얻기 위해 그 문제에 대한 개념적, 물리적, 수학적 모델을 만들어내고, 해결하고자 하는 문제와 유사한 가상 현상이 일어나도록 그 모델을 실행하는 일련의 행위라 할 수 있다. 이때 모델링과 시뮬레이션을 따로 구분하지 않고 하나의 용어로 사용하는 이유는 모델링과 시뮬레이션을 통해 어떤 문제를 해결하고자 할 경우 모델링을 할 때에는 시뮬레이션의 가능성을 반드시 고려하여 모델을 개발해야 하고 시뮬레이션을 할 때에는 분석하고자 하는 문제에 부합되는 올바른 모델을 선택하여 적용하고 있는지를 고려해야 하기 때문이다. 적합한 모델을 수립하였으나 시뮬레이션을 위해 그 모델을 구성하는 요소들의 값을 알아내는 것 자체가 어렵거나 비용과 시간이 너무 많이 소요될 경우 그 모델의 효율성은 낮아질 수밖에 없다. 그렇기 때문에 실제 문제에 활용하는 측면에서 모델링과 시뮬레이션은 서로 밀접하게 연결된 하나의 개념으로 다룰 필요가 있다.

　한편 국방과학기술용어사전에서는 M&S를 다음과 같이 설명하고 있다.

> 모방하거나 모의하고자 하는 실제 체계의 특징을 잘 나타낼 수 있도록 각종 요소와 현상 등을 물리적, 수학적, 논리적 표현으로 만들어 나가는 과정인 모델링과 모델링의 산출물인 모델을 활용하여 연속적인 시간의 흐름 속에서 유사하게 실행하는 것을 의미하는 시뮬레이션이 조합된 용어로 모델링 과정과 시뮬레이션 과정을 통틀어 의미함. 관리적 혹은 기술적인 의사결정 근거가 되는 자료를 개발하기 위하여 시뮬레이터, 스티뮬레이터, 프로토타입, 에뮬레이터 등을 포함하는 모델을 정태적으로 또는 지속적으로 활용하는 것.

　그러므로 국방 M&S란 국방 분야의 문제를 해결하기 위해 이와 관련된 모델을 만들고 시뮬레이션하는 것이라 할 수 있는데 '국방 분야의 문제'는 매우 광범위하기 때문에 국방 M&S라고 하면 주로 전쟁과 전투로 그 관심 범위를 한정하고 있다. 이에 국방 M&S의 의미를 다시 기술하면 '국방 분야의 문제를 해결하기 위한 의사결정의 기초자료를 얻기 위해 전장 상황과 전투행위 등을 표현할 수 있는 모델을 만들어내고 가상 전투현상이 일어나도록 모델을 실행하는 일련의 행위'라고 할 수 있다. 이러한 맥락에서 국방과학기술조사서(2016)에서는 국방 M&S 체계를 다음과 같이 정의하고 있다.

> 국방 M&S 체계는 모델링과 시뮬레이션의 합성어로서 기존의 워게임 영역을 대폭 확대하여 국방기획관리상의 소요제기, 연구개발, 분석평가 및 획득관리는 물론, 군의 교육·훈련, 전력분석, 전투실험을 과학적으로 지원하는 도구 및 수단을 총칭하는 개념이며, 전쟁 또는 전투요소들의 영향을 연구하기 위해 실전과 유사한 가상전투상황을 조성해주고, 전쟁 또는 전투요소들의 효과를 측정 및 평가해주는 도구임.

이에 따라 본 책에서는 국방 M&S를 국방과 관련된 모든 M&S에 대해 다루기보다는 주로 '실전과 유사한 가상전투상황을 조성해주고, 전쟁 또는 전투요소들의 효과를 측정 및 평가해주는 도구'라는 의미에 중점을 두고 살펴보기로 하겠다.

1.2 국방 M&S 체계 분류

국방 M&S 체계는 적용분야(또는 사용목적), 묘사 수준, 작전형태, 시뮬레이션 유형 등의 기준에 따라 분류될 수 있으며 그림 1.4에서 보는 바와 같이 적용분야에 따라서는 훈련용, 분석용, 획득용 등으로, 묘사 수준에 따라서는 전구급, 임무급, 교전급, 공학급 등으로, 작전형태별로는 합동작전용, 지상작전용, 해상작전용, 공중작전용, 상륙작전용 등으로 분류된다. 한편 시뮬레이션 유형별로는 실제(live), 가상(virtual), 구성(constructive) 등으로 분류된다.

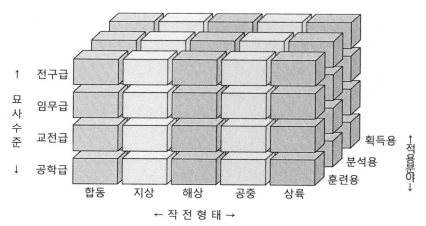

┃그림 1.4 적용분야, 묘사 수준, 작전형태에 따른 국방 M&S 체계 분류

1.2.1 적용분야에 따른 분류

국방 M&S 체계는 어떤 분야에 적용할 것인가 또는 그 사용목적이 무엇이냐에 따라 훈련용, 분석용, 획득용으로 분류할 수 있다.

훈련용 국방 M&S 체계는 지휘관 및 참모의 전투지휘 능력을 향상시키고 전투지휘 절차를 숙달시키기 위하여 그리고 개별 전투원의 무기체계 조작 및 운용능력 향상 등 군의 전쟁수행 능력을 향상시키기 위한 체계이다. 이러한 체계는 컴퓨터 시뮬레이션을 이용하여 가상으로 다양한 전투상황을 조성하고 이에 지휘관 및 참모가 대응하도록 유도함으로써 전쟁 및 전투를 간접적으로 경험할 수 있게 하여 다양한 전투상황에 대한 조치능력을 향상시킬 수 있게 한다. 또한 그림 1.5와 같이 전투기, 헬기, 전차 등 실제 훈련이 제한되거나 비용이 많이 소요되는 경우 가상 시뮬레이터를 이용하여 무기체계 조작 및 운용능력을 향상시키고 훈련비용을 절감하며 안전사고를 예방하는 등의 목적 으로 다양한 훈련용 국방 M&S 체계가 운용되고 있다.

┃그림 1.5 전투기 조종 시뮬레이터 내부(좌) 및 전차 조종 시뮬레이터 외부(우)

분석용 국방 M&S 체계는 국방 분야에서의 합리적인 의사결정을 위해 군의 교리, 작전계획, 전력 구조, 전투 편성 등의 타당성을 분석하고 검증하는 체계이다. 예를 들어, 군사작전 계획 수립 시 적 위협에 대응하는 여러 방책을 바탕으로 각각 모의분석을 수행하여 합리적인 대안을 식별할 수 있고 전쟁 및 전투에 투입되어야 하는 각종 자원의 소요를 판단함으로써 전시 자원의 조달 및 비축계획에 수립에 반영할 수 있다.

획득용 국방 M&S 체계는 무기체계의 소요를 판단하고 이를 설계하거나 개발하고자 하는 무기체계를 시험평가 및 성능을 검증하기 위해 활용되는 체계이다. 이러한 획득용 체계에는 연구개발에 사용되는 공학적 M&S 도구들을 비롯하여 무기체계의 전 수 명주기 동안 소요되는 비용이나 종합군수지원에 대한 분석을 위한 M&S 도구들이 포함된다. 무기체계 획득의 전체 순기에 걸쳐 포괄적이고 통합적으로 M&S 체계를 활용하고 있는 방식의 획득 관리를 시뮬레이션 기반 획득(SBA; Simulation Based Acquisition)이라고 한다. 이러한 개념을 적용하면 가상 운용환경에서 개발예정 무기체계의 가상 시제품을 사용하여 미리 시뮬레이션 해봄으로써 개발 초기단계에서부터 무기체계의 운용 개념과 요구성능을 보다 정확하게 예측할 수 있으며, 이를 기반으로 모든 개발활동이 동시적으로 이루어지고, 상호협업이 가능하여 체계 획득비용의 절감과 개발기간의 단축효과를 가져올 수 있다.

최근에는 특정분야에 제한되지 않고 훈련, 분석, 및 획득 분야에 포괄적으로 적용 가능한 국방 M&S 체계[1]들이 개발되고 있다.

1.2.2 묘사 수준에 따른 분류

국방 M&S 체계는 무기체계나 전쟁과 관련된 요인들을 얼마나 상세하게 묘사할 수 있느냐에 따라 그림 1.6에서와 같이 전구급, 임무급, 교전급, 공학급 네 가지 수준으로 분류할 수 있다.

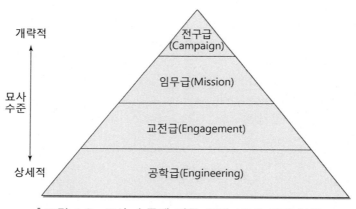

┃그림 1.6 묘사 수준에 따른 국방 M&S 체계 분류

전구급 모델은 합동/연합전력과 같은 대규모 무기체계 집합체에 대한 합동전력 평가, 합동작전 분석, 군단급 이상 대부대 훈련 등을 목적으로 전쟁결과, 전력손실 등을 산출하는 모델이다. 전구급 모델에서는 전쟁모의에 사용되는 최소 단위 부대가 대대

---

1) OneSAF(One Semi-Automated Forces)은 훈련, 분석, 획득, 시험평가, 전투실험 등 다양한 분야에 적용 가능한 국방 M&S 체계이다.

또는 연대급 수준으로 묘사된다.

임무급 모델은 연대~사단급 규모의 제병협동전투를 모의하는 데 사용되며 최소 단위 부대는 분대 또는 팀 규모가 된다. 이러한 수준에서 전투를 묘사할 수 있는 모델은 여러 가지 형태의 무기체계로 구성된 부대의 전력을 분석하거나 군단급 이하 부대의 훈련 등에 주로 활용된다.

교전급 모델은 단일 무기체계 간의 교전을 모의할 수 있는 모델을 말하는 것으로 주로 대대급 이하 규모의 전투를 각각의 전투개체 단위로 묘사할 수 있다. 이러한 수준의 모델은 전투원 개인 또는 장비 1대 등의 행위를 개별적으로 묘사할 수 있으므로 무기체계의 세부 요구성능 분석, 전투행위 방법, 개체별 전투물자 소요량 등을 분석하거나 중대급 이하 소부대 훈련 등에 활용할 수 있다.

공학급 모델은 단일 무기체계 및 부체계의 구성품 수준까지 모의하는 모델을 말하는 것으로, 무기체계 구성품의 공학적 설계, 작전요구성능 등을 검증하거나 평가하기 위해 주로 사용된다.

1.2.3 작전형태에 따른 분류[2]

국방 M&S 체계는 모의할 수 있는 군사 작전형태에 따라 합동작전용, 지상작전용, 해상작전용, 공중작전용, 상륙작전용 등으로 분류할 수 있다. 군사 작전형태에 따라 이렇듯 여러 분류가 존재하는 이유는 지상, 해상, 공중, 상륙작전 각각의 전장환경 특성과 전투개체가 서로 많이 다르고 전투행위를 표현하는 데 사용되는 모델과 시뮬레이션 방법론에서도 다소 차이가 있기 때문이다.

합동작전용 M&S 체계는 지상/해상/공중 등 모든 전장환경 요소를 요구되는 수준에서 모두 묘사할 수 있으며 육/해/공군의 다양한 무기체계를 반영하여 근접작전, 합동후방지역작전, 특수작전, 항공지원작전, 상륙작전, 방공작전 등 합동작전을 지원하기 위한 것이다.

지상작전용 M&S 체계는 해상이나 공중보다는 주로 지상 전장환경 요소와 지상 무기체계를 보다 세밀하게 묘사할 수 있어 지상 전장에서 실시하는 공격, 방어, 지연작전, 침투 및 국지도발 대비 작전, 지원작전 등 다양한 유형의 지상작전을 모의하기 위한 것이다.

해상작전용 M&S 체계는 주로 해상 전장환경 요소와 해상 무기체계를 보다 세밀하게 묘사할 수 있어 해군이 주축이 되어 수행되는 해상작전을 모의하기 위한 것이다.

---

2) 국방과학기술 개발동향 및 수준 제8권 기타(국방 M&S/국방 SW) 일반본

공중작전용 M&S 체계는 주로 공중 전장환경 요소와 공중 무기체계를 보다 세밀하게 묘사할 수 있어 공중강습작전, 항공작전, 근접항공지원작전 등 공중작전을 모의하기 위한 것이다.

상륙작전용 M&S 체계는 해병대 상륙작전용 모델로 해병대 단독작전, 지상군 연합작전 등 해병대 중심의 상륙작전을 모의하기 위한 것이다.

1.2.4 시뮬레이션 유형에 따른 분류

국방 M&S 체계는 표 1.1에서 보는 것과 같이 실제 인간과 시스템(장비)이 시뮬레이션되는지 여부에 따라 실제 시스템에서 인간이 직접 활동하는 유형을 실제 시뮬레이션(live simulation), 가상의 장비를 인간이 직접 조작하는 유형을 가상 시뮬레이션(virtual simulation), 가상의 환경에서 가상의 개체가 활동하거나 운용되는 구성 시뮬레이션(constructive simulation)으로 분류할 수 있다.

실제 시뮬레이션은 실제 인원과 장비가 투입되고 실제 환경과 동일하거나 유사한 환경에서 수행되는 시뮬레이션을 말하며 야외 기동훈련이나 마일즈 장비 등을 활용한 과학화 훈련 등이 대표적인 사례이다.

가상 시뮬레이션은 실제 인원이 실제와 유사한 형태의 장비를 조작하거나 가상 환경에서 활동하는 것을 묘사하는 시뮬레이션을 말하며 비행 시뮬레이터, 전차 조종 시뮬레이터 등이 대표적인 사례이다.

구성 시뮬레이션은 인원, 장비, 환경이 모두 가상으로 구성되어 묘사되는 시뮬레이션으로 대부분의 분석용 및 획득용 시뮬레이션 모델이 이에 해당된다.

컴퓨터 및 통신 기술 발전에 기반하여 물리적으로 이격된 실제 시뮬레이션, 가상 시뮬레이션 및 구성 시뮬레이션 등 3가지 유형의 시뮬레이션과 C4I체계를 네트워크로 상호 연동하여 하나의 합성전장으로 운용할 수 있게 되었으며, 이들 시뮬레이션을 통합 운용하는 체계를 LVC체계(Live-Virtual-Constructive System)라고 한다. 그리고 게임(Game) 형태의 시뮬레이션과도 연동되는 LVC체계를 LVCG체계라고 한다.

한편 인간을 대신하는 프로그램이 실제 시스템(장비)에서 활동하도록 묘사되는 것을 스마트 시뮬레이션(smart simulation)이라 하는데 인간과 인공지능 프로그램과의 바둑 대국이 실제 그리고 스마트 시뮬레이션이 조합된 대표적인 사례라 할 수 있다.

┃ 표 1.1 시뮬레이션 유형별 분류

구분		활동 인원	
		실제	모의
환경/장비	실제	실제 시뮬레이션 (live simulation)	스마트 시뮬레이션 (smart simulation)
		예 과학화훈련체계	예 지능형로봇
	모의	가상 시뮬레이션 (virtual simulation)	구성 시뮬레이션 (constructive simulation)
		예 전투기 조종 시뮬레이터	예 전투21모델, 지상무기효과분석모델

▶ ▶ ▶ 예제 1.1

LVC체계 개념을 설명하고 LVC체계를 구성하는 3가지 시뮬레이션 유형의 특성을 기술하시오.

풀이 LVC체계는 실제 시뮬레이션, 가상 시뮬레이션 및 구성 시뮬레이션 등의 3가지 유형의 시뮬레이션과 C4I체계를 네트워크로 상호 연동시켜 하나의 합성전장으로 운용하는 체계이다. 실제 시뮬레이션은 실제 인원과 실제 장비가 투입되고 실제 환경에서 수행되며, 가상 시뮬레이션은 실제 인원이 투입되지만 가상 장비 및 환경에서 수행된다. 구성 시뮬레이션에서는 인원, 장비, 환경 모두가 가상으로 이루어져 수행된다.

1.3 M&S 체계 신뢰성

복잡한 전투현상을 모두 반영할 수 있는 모델을 수립하는 것이 쉽지 않다. 그러므로 전투에 영향을 미치는 주요 요소들을 식별하고 이들로 구성된 교전평가 모델을 수학적으로 정의하기 위해서는 여러 가지 가정이 전제되어야 한다. 하지만 너무 많은 가정이 적용되어 모델과 시뮬레이션에서 생략되는 것이 많다면 전투현상을 제대로 모의하기 어려울 수도 있다. 이러한 이유로 M&S를 통해 얻은 가상의 결과물이 과연 실제 문제를 얼마나 유사하게 반영하는가는 매우 중요한 문제이다.

즉, M&S의 결과는 실제 문제와 완전히 일치하기는 어렵지만 적어도 올바른 의사결정을 내리기에 충분하고 정확한 정보를 제공해 줄 수는 있어야 한다는 것이다. 이는 M&S의 신뢰성(reliability)과 관련된 문제로 만일 훈련용 M&S 체계가 신뢰성이 부족할 경우에는 올바른 훈련효과를 기대할 수 없을 것이며 신뢰성이 확보되지 않은 분석용 M&S 체계를 작전계획 분석에 사용해서는 안 될 것이다.

M&S 체계의 신뢰성을 확보하기 위해서는 기능이 정상적으로 작동하는지에 대한 검증(verification), 원래 목적을 달성할 수 있는지에 대한 유효성 확인(validation), 권위 있는 조직 또는 기관에 의한 공식화된 인증(accreditation)이 이루어져야 하며 이 세 가지 활동을 통틀어 VV&A(검증, 확인 및 인증)라 부르기도 한다.

첫 번째로 기능 정상 작동에 대한 검증은 M&S 체계가 그 규격서에 명시된 대로 올바로 작동하도록 개발되었는지에 대한 것이다. 다양하고 많은 기능과 동작이 모두 구현되어 있고 어떤 상황에서도 그것들이 올바로 작동된다면 그 M&S 체계는 검증되었다고 할 수 있다. 두 번째로 유효성에 대한 확인은 M&S 체계가 원래 목적을 달성하기 충분하도록 실제 현상을 잘 반영하고 있는지에 대한 것이다. 만일 규격서대로 작동하는, 즉 '검증된' 훈련용 M&S 체계를 운용하였는데도 불구하고 원하는 훈련효과가 전혀 나타나지 않는다면 그 유효성은 '확인'되지 않은 것이다. 세 번째로 인증은 위의 검증과 확인 활동을 권위 있는 조직이나 기관에서 대상 M&S 체계가 충분한 신뢰성을 가지고 있다는 것을 공식적으로 인정해주는 것을 말한다. 예를 들어, 전차 조종수의 조종능력을 향상시킬 목적으로 개발된 전차 조종 시뮬레이터가 규격서에 명시된 모든 기능이 구현되어 있고 정상적으로 동작되는지를 '검증'해야 하며, 전차 조종 시뮬레이터를 이용하여 조종 훈련을 했을 때 실제로 전차 조종능력이 향상되는지를 '확인'해야한다. 이를 위해 권위 있고 제도화된 기관에서 전문성과 경험을 가진 인원들로 조직을 구성하여 '검증'과 '확인' 활동을 실시한 후 최종적으로 전차 조종 시뮬레이터의 신뢰성을 '인증'하게 된다.

▌표 1.2 M&S 체계의 신뢰성

검증(verification)	확인(validation)	인증(accreditation)
"내가 생각했던 대로 작동하도록 개발되었음."	"사용해보니 효과가 있네."	"우리 의도와 요구가 잘 반영되어 있음을 공식적으로 인정함."
규격서에 명시된 기능이 시뮬레이터에서 제대로 작동	시뮬레이터를 활용한 훈련이 실제 전투기술 향상에 기여	시뮬레이터를 활용한 훈련시간의 00%를 실제 훈련시간에 준하는 것으로 인정함
개발자	운용 전문가	획득담당자 / 사용자 / 공식기관

M&S 신뢰성을 확보하기 위해 필요한 VV&A 활동을 설명하시오.

풀이   1) 검증(Verification) : 개발자에 의해 규격서에 명시된 기능 및 동작의 정상적 작동
여부를 판단하는 활동

2) 확인(Validation) : 운용 전문가에 의해 대상 M&S가 실제 현상을 잘 반영하여 원
래 목적을 달성하기에 충분한지 여부를 판단하는 활동

3) 인증(Accreditation) : 전문성과 경험을 가진 인원으로 구성된 권위있는 조직에서
대상 M&S 체계의 신뢰성을 공식적으로 인정하는 활동

1.4   국방 M&S 체계 주요 기술

'국방과학기술 개발동향 및 수준'(2016)에 따르면 국방 M&S 체계와 관련된 기술은 크
게 모델링기술, 시뮬레이션기술, M&S기반기술 3가지로 분류할 수 있으며, 각 기술의
단계별 적용시점은 그림 1.7과 같다.

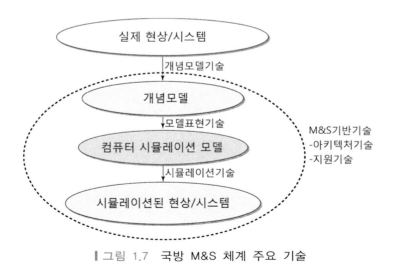

▌그림 1.7 국방 M&S 체계 주요 기술

먼저 모델링기술은 실제 현상/시스템을 모델로 표현하는 기술, 즉 전장환경의 구성, 전투체계와 그들의 행위 묘사, 자연 및 인공 현상을 묘사할 수 있는 물리적, 수학적, 논리적 표현을 개발하는 기술이다. 이는 다시 개념모델기술과 모델표현기술로 분류할 수 있는데 개념모델기술이란 모델링하려는 대상과 임무 공간에 대한 개념적 특성, 즉 묘사하려는 개체의 동작(행위) 및 그들 간의 상호작용 등을 추상적으로 표현하는 기술을 말하며, 모델표현기술이란 개념모델을 실제 컴퓨터 시뮬레이션 프로그램으로 구현할 목적으로 사용되는 다양한 기법, 과정, 절차, 알고리즘을 말한다. 모델표현기술에는 체계행위/자연환경/인간행동/다중해상도 모델링기술과 컴퓨터생성부대(CGF: Computer Generated Force) 기술, 이산시스템/연속시스템 모델링기술 등이 포함된다. 각 세부 기술에 대한 기술 명세는 표 1.3에서 보는 바와 같다.

▮표 1.3 모델링기술 분류와 세부 기술 명세

대분류	중분류	요소 기술	기술 명세
모델링 기술	개념모델 기술	임무공간기능명세	임무공간에 대한 개념적 또는 기능적 특성을 기술한 것으로, 시뮬레이션 개발을 위한 실세계의 첫 번째 추상화 기술
	모델표현 기술	체계행위모델링	다양한 전투체계의 행위특성에 대한 물리적, 수학적, 논리적 표현 개발 기술
		자연환경모델링	자연환경의 정태적, 동태적 특성에 대한 물리적, 수학적, 논리적 표현 개발 기술
		인간행동모델링	다양한 전투상황별 개인 또는 집단(부대)의 행동(행위)특성에 대한 물리적, 수학적, 논리적 표현 개발 기술
		다중해상도모델링	시뮬레이션 처리속도, 모의 상세도 또는 상황도 전시속도 등의 선택적 변환을 지원하기 위해 개체 또는 개체행위에 대한 다중해상도 표현 개발 기술
		컴퓨터생성부대	시뮬레이션 운영자 축소 및 진행속도 향상 등을 위해 운용교리 기반의 개별개체 또는 집단개체(부대)에 대한 상황별 완전자동 또는 반자동 행위 표현 개발 기술
		이산시스템모델링	상태변수가 특정 시간에서 변화하는 체계를 표현하고, 출력변수가 이산값을 나타내는 모델에 대한 표현 개발 기술
		연속시스템모델링	상태변수가 시간의 흐름상에 연속적으로 변화하는 체계를 표현하고, 출력변수가 연속적으로 변화하는 모델에 대한 표현 개발 기술

다음으로 시뮬레이션기술은 교전모의 기술, 시뮬레이션 기법 기술, 시뮬레이션 인터페이스 기술, 시뮬레이션 디스플레이 기술, 시뮬레이션 데이터처리 기술 등으로 분류되는데, 교전모의 기술은 가상전장에서 개체단위 또는 부대단위의 교전을 모의하는 데

필요한 이론과 기법, 절차와 과정, 매개변수와 알고리즘에 대한 기술을 말한다. 시뮬레이션 기법 기술은 모의하고자 하는 내/외부 사건 및 환경변화를 어떻게 처리할 것이며 인간, 하드웨어, 소프트웨어 등 핵심요소가 모의되는 방법에 대한 기술을 말한다. 또한 시뮬레이션 인터페이스 기술은 시뮬레이션과 사용자 또는 다른 시뮬레이션 간의 연결이나 시뮬레이션 구성요소들 간의 연동을 위한 프로그램 기술을 말하며, 시뮬레이션 디스플레이 기술은 시간에 따른 시뮬레이션 대상의 상태변화를 시각화하여 사용자에게 보여주기 위한 기술이다. 시뮬레이션 데이터처리 기술은 시뮬레이션에 관련되는 대용량 자료를 실시간으로 처리, 수집, 저장, 송/수신하는 데 필요한 기술을 말한다. 이와 관련된 각각의 세부 기술에 대한 기술 명세는 표 1.4에서 보는 바와 같다.

▌표 1.4 시뮬레이션기술 분류와 세부 기술 명세

대분류	중분류	요소 기술	기술 명세
시뮬레이션 기술	교전모의 기술	개체단위 교전모의논리	개체 수준의 전투모의에 필요한 기동, 탐지, 조우, 손실 평가, 재보급 등과 관련된 일련의 모의논리 표현 기술
		부대단위 교전모의논리	부대 수준의 전투모의에 필요한 기동, 탐지, 조우, 손실 평가, 재보급 등과 관련된 일련의 모의논리 표현 기술
		시나리오 생성	전장 정의, 피아 전력 편성, 초기 배치 및 시간대별 작전 명령 등 전투수행 시나리오를 생성하는 데 필요한 기술
	시뮬레이션 기법 기술	객체지향 시뮬레이션	객체가 존재하는 실세계를 개념 단계에서 추상화하여 그 상태와 행동을 묘사하기 위해 사용되는 기술
		에이전트 기반 시뮬레이션	특정 기능/분야에서 고유한 행동양식을 생성해낼 수 있는 개별 에이전트를 개발하고 이들을 연동시키는 기술
		HILS 기술	복잡한 실시간 시스템의 개발 및 시험에 적용하기 위한 동적 제어 플랫폼 개발 기술 ※ HILS: Hardware-in-the-loop-system
		SILS 기술	복잡한 초대형 시스템의 정교한 통제방법을 개발 및 시험하기 위해, 기계어로 전환된 원시코드를 가상환경에서 수리모델에 통합하는 기술 ※ SILS: Software-in-the-loop-system
	시뮬레이션 인터페이스 기술		GUI 기술, 감각인터페이스 기술, 증강현실 기술, 칵핏(cockpit) 기술 등
	시뮬레이션 디스플레이 기술		상황도 전시 기술, 상황재현 기술, 3차원 시각화 기술, 멀티센터 영상 기술, HMD/프로젝터 기술 등
	시뮬레이션 데이터처리 기술		대용량 자료/사건 수집 기술, 공간데이터 처리 기술, 분산데이터 처리 기술 등

다음으로 M&S기반기술은 시뮬레이션 아키텍처 기술, M&S지원기술 등으로 분류되며 각 세부 기술에 대한 기술 명세는 표 1.5에서 보는 바와 같다.

▌표 1.5 M&S기반기술 분류와 세부 기술 명세

대분류	중분류	요소 기술
M&S 기반기술	시뮬레이션 아키텍처 기술	시뮬레이션 표준기술구조(HLA) 기술, 시뮬레이션 연동체계(RTI) 기술, LVCG 통합 아키텍처 기술, 시뮬레이션-C4ISR 연동 기술 등 ※ HLA : High-Level-Architecture 　　 RTI : Run-Time-Infrastructure 　　 LVCG : Live-Virtual-Constructive-Game
	M&S 지원기술	합성환경데이터표현 및 교환규약(SEDRIS) 기술, 분산시뮬레이션(DIS) 기술, 검증, 확인 및 인증(VV&A) 기술, M&S 자원저장소 기술, 다중수준보안 기술 등 ※ SEDRIS : Synthetic Environment Data Representation and Interchange Specification 　　 DIS : Distributed Interactive Simulation

PART 2
시뮬레이션 이론
SIMULATION THEORY

02

확정형 모델링
(란체스터 전투모형)

전투란 그 결과를 즉각적으로 측정하거나 실험적으로 증명할 수 없는 과정이기 때문에 복잡한 전투상황을 정확히 모형화하기는 어렵다. 이에 따라 많은 연구가 진행되어왔으며, 1914년 영국의 란체스터(Frederick William Lanchester)에 의해 피아 교전과정에서 시간이 지남에 따른 전투력 손실을 수학적으로 모형화한 전투모델이 발표된 이래, 보다 더 현실에 가까운 전투모형을 개발하려는 많은 연구가 진행되어 왔다. 그러나 실제 전투에서 중요시되는 지형, 기후, 전술, 전략, 지휘관의 의도 등 실제 전장환경을 다양하게 묘사하기에는 아직도 많은 제한사항이 따른다.

확정형 모델이란 동일한 입력 값에 따른 결과 값이 항상 동일한 모델을 의미하며 이와 반대로 확률형 모델은 입력 값이 동일하더라도 결과 값이 동일하지 않고 확률적으로 도출되는 모델을 의미한다. 란체스터 전투모형 역시 확정형 및 확률형 모델이 존재한다. 본 교재에서는 처음 제안된 형태인 확정형 란체스터 전투모형에 대해 알아본다.

2.1 제곱형 란체스터 모형

이 모형은 직사(직접)화기의 교전상황을 묘사한 것으로, 피아 전투부대가 화기의 사정거리 내에 위치하고 상대방의 위치와 사격 후 표적의 생존 여부를 정확히 관측할 수 있는 경우로서, 표적이 무력화된 것이 확인되면 곧 또 다른 생존 표적으로 즉시 화력을 전환하여 집중시킬 수 있을 때 적용된다. 그러므로 이 경우에는 부대의 전투력은 병력 수에 비례한다. 모형의 수학적 의미는 시간 t에서의 아군(blue)의 수를 $B(t)$, 적

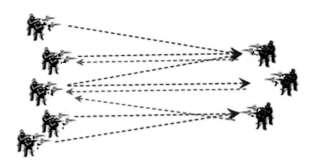

| 그림 2.1 직사화기 교전상황 묘사

군(red)의 수를 $R(t)$라 할 때, 아군의 전투시간에 따른 손실률은 적군의 수($R(t)$)에 비례하고, 적군의 전투시간에 따른 $\dfrac{dR(t)}{dt}$은 아군의 수($B(t)$)에 비례하는 것으로, 다음과 같은 수식으로 표현된다.

$$-\frac{dB(t)}{dt} = \alpha R(t) \tag{2.1}$$

$$-\frac{dR(t)}{dt} = \beta B(t) \tag{2.2}$$

여기서 α, β는 비례상수로서 피격률이라고 볼 수 있으며, α는 단위 시간당 적군의 단위 전투력에 대한 아군의 전투력 손실률(attrition rate)을, β는 단위 시간당 아군의 단위 전투력에 대한 적군의 전투력 손실률(attrition rate)을 의미한다. 따라서 α는 적군의 아군에 대한, β는 아군의 적군에 대한 상대적인 전투효율로서, 교육훈련 정도, 무기체계의 질적 수준, 지휘관의 지휘 통솔력 등에 의하여 결정된다. 만일 교육훈련 정도와 지휘관의 지휘 통솔력이 동일하다고 가정하면 α, β는 무기체계의 상대적 효율만을 의미하게 된다.

연립방정식 (2.1)을 (2.2)로 나누고 변수를 분리한 후, 양변을 전투를 시작할 때부터 현재까지 시간에 대하여 적분하면 다음과 같은 결과를 얻을 수 있다.

$$\int_{B(t)}^{B(0)} \beta B(t) dB(t) = \int_{R(t)}^{R(0)} \alpha R(t) dR(t) \tag{2.3}$$

$$\beta(B(0)^2 - B(t)^2) = \alpha(R(0)^2 - R(t)^2) \tag{2.4}$$

여기서 $B(0)$와 $R(0)$는 시간 $t=0$에서의 아군 및 적군의 전투력을, $B(t)$와 $R(t)$는 시간 t에서의 아군 및 적군의 전투력을 나타내며, 양변이 각각 제곱항들로 구성되므로 이 모형을 란체스터 제곱형 모형이라고 부른다.

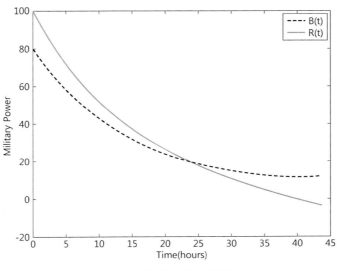

┃그림 2.2 란체스터 제곱형 모형

예제 2.1

청군 전차 80대와 홍군 전차 100대가 교전 중이다.
단위 시간당 청군의 전차 1대는 홍군을 0.8대씩, 홍군의 전차 1대는 청군을 0.5대씩 무력
화시킬 때, 다음을 구하시오.(전차들은 표적 무력화 확인 후 즉시 화력을 전환한다.)

(1) 어느 군이 승리하는지 수식으로 증명하시오.

(2) 홍군이 전멸하였을 때, 청군의 잔류 전차 수를 구하시오.

풀이 (1) $\alpha = 0.5$, $\beta = 0.8$, $B(0) = 80$, $R(0) = 100$

$\beta(B(0))^2 = 0.8 \times 80^2 = 5120$

$\alpha(R(0))^2 = 0.5 \times 100^2 = 5000$

$\beta(B(0))^2 > \alpha(R(0))^2 \rightarrow$ 청군 승리

(2) $\beta(B(0)^2 - B(T)^2) = \alpha(R(0)^2 - R(T)^2)$

$0.8(80^2 - B(T)^2) = 0.5(100^2 - 0)$

$B(T)^2 = 80^2 - \left(\dfrac{0.5}{0.8}\right)100^2 = 150$

$B(T) = 12.25$

$\rightarrow$ 이때, 소수점 이하의 전투개체는 생존했다고 볼 수 없으므로, 청군의 잔류
전차 수는 12대

청군의 병력은 1,000명, 홍군의 병력은 1,200명이며, 청군 및 홍군의 살상률은 서로 같다. 이때 청군은 병력을 집중 운용하고, 홍군은 병력을 나누어 1단계 전투 시 총 전투력의 2/3 를 투입하고 2단계 전투 시 나머지 병력을 축차적으로 투입했을 때 각 단계에서의 승리 군과 잔류 병력을 구하시오.

풀이 (1) 1단계 전투에서의 승리 군과 잔류 병력
$$B(0) = 1000, \ R(0) = 800, \ \alpha = \beta$$

• 승리측 판별 :
$$\beta(B(0))^2 = \beta \times 1000^2$$
$$\alpha(R(0))^2 = \beta(=\alpha) \times 800^2$$
$$\beta(B(0))^2 > \alpha(R(0))^2$$
$$\rightarrow \text{청군 승리}$$

• 잔류 전차 계산 :
$$\beta(B(0)^2 - B(t)^2) = \alpha(R(0)^2 - R(t)^2)$$
$$1000^2 - B(T_1)^2 = 800^2 - 0$$
$$B(T_1) = 600$$
$$\text{※ } T_1 = 1\text{단계 전투 종료 시점}$$
$$\rightarrow \text{청군 잔류 병력 600명}$$

(2) 2단계 전투에서의 승리 군과 잔류 병력
$$\text{※ 2단계 전투의 } B(0) = 1\text{단계 전투의 잔류 병력 } B(T_1)$$
$$B(0) = 600, \ R(0) = 400, \ \alpha = \beta$$

• 승리측 판별 :
$$\beta(B(0))^2 = \beta \times 600^2$$
$$\alpha(R(0))^2 = \beta(=\alpha) \times 400^2$$
$$\beta(B(0))^2 > \alpha(R(0))^2$$
$$\rightarrow \text{청군 승리}$$

• 잔류 전차 계산 :
$$\beta(B(0)^2 - B(t)^2) = \alpha(R(0)^2 - R(t)^2)$$
$$600^2 - B(T_2)^2 = 400^2 - 0$$

$$B(T_2) = 447.21$$

※ T_2 = 2단계 전투 종료 시점

→ 청군 잔류 병력 447명

▶▶▶ 예제 2.3

청군과 홍군이 교전을 준비 중이다. 청군은 전차 50대를 보유하고 있으며 홍군은 전차 50대와 예비대로서 장갑차 20대를 보유하고 있다. 홍군의 예비대는 본대와 거리가 상당히 이격되어 있어서 앞선 전투가 모두 종료된 이후에 전투에 참여할 것으로 예상된다. 청군 전차의 홍군 전차에 대한 살상률은 2.0이며, 홍군 장갑차에 대한 살상률은 3.0이다. 반면에 홍군 전차의 청군 전차에 대한 살상률은 1.5이며, 홍군 장갑차의 청군 전차에 대한 살상률은 2.5이다. 다음 물음에 답하시오.

(1) 청군과 홍군 중 어느 측이 승리하겠는가?

(2) 또 그때 승리한 측의 잔존 병력은 얼마인가?

(3) (청군이 승리한다면) 홍군이 승리하기 위한 최소 장갑차 수는 얼마인가?

　(홍군이 승리한다면) 청군이 승리하기 위한 최소 전차 수는 얼마인가?

풀이 (1) 1단계 전투 : 청군 전차 vs 홍군 전차

　• 청군 전차의 전투력 손실률 / 홍군 전차의 전투력 손실률 :

$$-\frac{dB(t)}{dt} = \alpha_{tank \to tank} R(t), \quad -\frac{dR(t)}{dt} = \beta_{tank \to tank} B(t)$$

　• 승리측 판별 :

$$\beta_{tank \to tank} B(0)^2 = 2(50)^2 = 5000$$

$$\alpha_{tank \to tank} R(0)^2 = 1.5(50)^2 = 3750$$

$$\beta_{tank \to tank} B(0)^2 > \alpha_{tank \to tank} R(0)^2 \to 청군 승리$$

- 잔류 전차 계산 :

$$\beta_{tank \to tank}(B(0)^2 - B(t)^2) = \alpha_{tank \to tank}(R(0)^2 - R(t)^2)$$

$$2(50^2 - B(T_1)^2) = 1.5(50^2 - 0)$$

$$B(T_1) = 25(\text{잔류 전차})$$

※ T_1 = 첫 번째 전투 종료 시점

2단계 전투 : 청군 잔류 전차 vs 홍군 장갑차

- 청군 전차의 전투력 손실률 / 홍군 장갑차의 전투력 손실률 :
  2단계 전투의 $R(t)$: 투입된 예비대 병력(장갑차)

$$-\frac{dB(t)}{dt} = \alpha_{APC \to tank}R(t), \quad -\frac{dR(t)}{dt} = \beta_{tank \to APC}B(t)$$

- 승리측 판별 :

$$\beta_{tank \to APC}B(T_1)^2 = 3(25)^2 = 1875$$

$$\alpha_{APC \to tank}R(0)^2 = 2.5(20)^2 = 1000$$

$$\beta_{tank \to APC}B(T_1)^2 > \alpha_{APC \to tank}R(0)^2 \to \text{청군 승리}$$

2단계 전투의 $B(0)$ = 1단계 전투의 잔류 전차 $B(T_1)$

(2) 잔류 전차 계산

$$\beta_{tank \to APC}(B(T_1)^2 - B(t)^2) = \alpha_{APC \to tank}(R(0)^2 - R(t)^2)$$

$$3(25^2 - B(T_2)^2) = 2.5(20^2 - 0^2)$$

$$B(T_2) = 17.08 \approx 17(\text{잔류 전차})$$

※ T_2 = 두 번째 전투 종료 시점

(3) 홍군이 승리하기 위한 최소 장갑차의 수

$$\beta_{tank \to APC}B(T_1)^2 < \alpha_{APC \to tank}R(0)^2\text{이 되는 } R(0)$$

$$3 \times 25^2 < 2.5 \times x^2$$

$x > 27.39$. 즉, 최소 28대가 있어야 홍군이 승리 가능

청군 본대(전차 40대)와 홍군 본대(전차 40대)가 개활지에서 조우하여 전투를 시작하였다. 청군과 홍군 본대 간의 1차 전투는 홍군 예비대(전차 5대, 장갑차 5대)가 도착할 때까지 진행되었으며, 홍군 예비대가 도착했을 때 홍군 본대의 잔류 전차 수는 10대였다. 홍군은 즉시 예비대의 공격을 지시하여 본대의 잔류 전차와 함께 청군과 2차 전투를 지속하였다. 이때, 청군은 홍군의 전차를 우선 공격하고 홍군 전차가 모두 파괴되기 전에는 홍군 장갑차를 공격하지 않는다. 이 전투는 최종적으로 홍군의 모든 전차가 파괴되는 동시에 장갑차가 모두 퇴각하며 종료되었다(청군 전차의 홍군 전차에 대한 살상률은 3.0, 홍군 장갑차에 대한 살상률은 3.5이다. 반면에 홍군 전차의 청군 전차에 대한 살상률은 2.5, 홍군 장갑차의 청군 전차에 대한 살상률은 2.0이다). 다음 물음에 답하시오.

(1) 1차 전투 종료 후, 청군의 잔류 전차 수를 구하시오.

(2) 2차 전투 종료 후, 청군의 잔류 전차 수를 구하시오.

풀이 (1) 1차 전투 : 청군 본대 vs 홍군 본대

• 청군 전차의 전투력 손실률 / 홍군 전차의 전투력 손실률 :

$$-\frac{dB(t)}{dt} = \alpha_{tank \to tank} R(t), \quad -\frac{dR(t)}{dt} = \beta_{tank \to tank} B(t)$$

• 잔류 전차 계산

$$\beta_{tank \to tank}\left(B(0)^2 - B(t)^2\right) = \alpha_{tank \to tank}\left(R(0)^2 - R(t)^2\right)$$

$$3\left(40^2 - B(T_1)^2\right) = 2.5\left(40^2 - 10^2\right)$$

$$B(T_1) = 18.71$$

※ T_1 = 1차 전투 종료 시점(홍군 예비대 도착 시점)

→ 청군 잔류 전차 18대

(2) 2차 전투 : 청군 잔류 본대 vs 홍군 잔류 본대 & 예비대

• 청군 전차의 전투력 손실률 / 홍군 전차의 전투력 손실률 :

(2차 전투의 $B(0) = B(T_1)$, $R_{tank}(0) = R_{tank}(T_1)$+투입된 예비대 전차)

$$-\frac{dB(t)}{dt} = \alpha_{tank \to tank} R_{tank}(t) + \alpha_{APC \to tank} R_{APC}(t),$$

$$- \frac{dR_{tank}(t)}{dt} = \beta_{tank \to tank} B(t)$$

두 미분방정식을 연립하여 나타내면,

$$\frac{dB(t)}{dR_{tank}(t)} = \frac{\alpha_{tank \to tank} R_{tank}(t) + \alpha_{APC \to tank} R_{APC}(t)}{\beta_{tank \to tank} B(t)}$$

$$\beta_{tank \to tank} B(t) dB(t) = (\alpha_{tank \to tank} R_{tank}(t) + \alpha_{APC \to tank} R_{APC}(t)) dR_{tank}(t)$$

$$\int_{B(t)}^{B(0)} \beta_{tank \to tank} B(t) dB(t) = \int_{R_{tank}(t)}^{R_{tank}(0)} \alpha_{tank \to tank} R_{tank}(t) dR_{tank}(t)$$

$$+ \int_{R_{tank}(t)}^{R_{tank}(0)} \alpha_{APC \to tank} R_{APC}(t) dR_{tank}(t)$$

(이때, $R_{APC}(t) = R_{APC}(0)$: 상수 $\forall t \in [0, T_2]$, ※ T_2 =2차 전투 종료 시점)

$$\frac{1}{2} \beta_{tank \to tank} (B(0)^2 - B(t)^2) = \frac{1}{2} \alpha_{tank \to tank} (R_{tank}(0)^2 - R_{tank}(t)^2)$$

$$+ \alpha_{APC \to tank} R_{APC}(t)(R_{tank}(0) - R_{tank}(t))$$

$$\frac{3}{2}(18^2 - B(T_2)^2) = \frac{2.5}{2}(15^2 - 0^2) + 2 \times 5(15 - 0)$$

$$B(T_2) = 6.04$$

→ 청군 잔류 전차 6대

▶▶▶ 예제 2.5

청군, 홍군, 황군은 서로 적대하고 있다. 귀관은 청군 소총부대의 지휘관이다. 현재 A 구역에서 황군 소총부대와 홍군 소총부대가 교전하고 있다. 청군, 홍군, 황군 소총 부대는 각각 20명, 30명, 17명으로 이루어져 있으며 각 화기의 살상률은 0.5(β), 0.4(α), 0.7(γ)이다. (세 부대의 보호수준은 같기에 누가 피격되든 살상률의 차이는 없다.)

귀관은 홍군과 황군 중 어느 한쪽을 숨어서 먼저 공격하고, 전멸하면 나머지 한쪽을 공격하려고 한다. 홍군과 황군은 상호교전 중인 관계로 상대편이 전멸할 때 까지 청군의 공격을 인지하지 못하며, 한 쪽이 전멸하면 나머지와 청군이 상호 인지하고 교전이 이루어지게 된다. 이 경우 청군은 홍군과 황군 중 어디를 먼저 공격해야 하는지 구하시오.

풀이 (1) 만약 황군을 먼저 공격했을 경우

- 첫 번째 전투에서 홍군과 황군의 손실률은 다음과 같이 계산된다.

$$-\frac{dR(t)}{dt} = \beta B(t) + \gamma Y(t), \quad -\frac{dY(t)}{dt} = \alpha R(t)$$

이 때, $\beta B(t)$는 홍군 및 황군 중 하나가 전멸될 때 까지는 상수 10이다. 그러 므로 연립하여 정리하면

$\alpha R(t)dR(t) = (\gamma Y(t) + 10)dY(t)$이다. 양변을 값을 넣어 정리하면

$0.2R(T)^2 - 180 = 0.35Y(T)^2 + 10Y(T) - 271.15$이며 황군이 승리한 것을 알 수 있다. 그러므로 $R(T) = 0$을 대입하면 $Y(T) = 7$을 구할 수 있다.

- 두 번째 전투에서 청군과 황군은 일반적인 제곱형 모형으로 전투한다. 이 때 황군 의 잔여병력은 7, 청군은 20이므로 $\beta B(0)^2 > \gamma Y(0)^2$이 성립한다. 즉 청군이 승리 하며, 제곱형 모형의 수식을 이용하여 병력을 계산하면 18명이 된다.

(2) 만약 홍군을 먼저 공격했을 경우

- 첫 번째 전투에서 홍군과 황군의 손실률은 다음과 같이 계산된다.

$$-\frac{dR(t)}{dt} = \beta B(t), \quad -\frac{dY(t)}{dt} = \alpha R(t) + \gamma Y(t)$$

이 때, $\beta B(t)$는 홍군 및 황군 중 하나가 전멸될 때 까지는 상수 10이다. 그러므로 연립하여 정리하면

$(\alpha R(t) + 10)dR(t) = \gamma Y(t)dY(t)$이다. 양변을 값을 넣어 정리하면

$0.2R(T)^2 + 10R(T) - 480 = 0.35(Y(T)^2 - 289)$이며 홍군이 승리한 것을 알 수 있다. 그러므로 $Y(T) = 0$을 대입하면 $R(T) = 25$을 구할 수 있다.

- 두 번째 전투에서 청군과 홍군은 일반적인 제곱형 모형으로 전투한다. 이 때 홍군 의 잔여병력은 25, 청군은 20이므로 $\beta B(0)^2 < \alpha R(0)^2$이 성립한다. 즉 홍군이 승 리하며, 제곱형 모형의 수식을 이용하여 병력을 계산하면 11명이 된다.

결론적으로 청군의 입장에서는 황군을 먼저 공격하는 것이 우월전략이다.

2.2 란체스터 제1선형 모형

이 모형은 아군과 적군이 대치하고 있는 상태에서 전투력의 집중효과 없이 개인과 개인 또는 화기와 화기끼리 서로 교전하는 상황을 묘사한 것으로, 양측의 전투시간에 따른 손실률은 상대방의 살상확률에 비례하며 수식으로 표현하면 다음과 같다.

$$-\frac{dB(t)}{dt} = \alpha \tag{2.5}$$

$$-\frac{dR(t)}{dt} = \beta \tag{2.6}$$

이 식에서 α는 적군(R)이 아군(B)을 살상할 확률, β는 아군(B)이 적군(R)을 살상할 확률이며, 이 확률은 표적을 명중해서 살상할 수 있는 조건부 확률에 의거, 다음과 같이 계산된다.

$$\alpha = P_{R(h)} \cdot P_{R(k/h)} \cdot r_R \tag{2.7}$$

$P_{R(h)}$: 적이 아군을 명중할 확률

$P_{R(k/h)}$: 적이 아군을 명중해서 살상할 확률

r_R : 적 화기의 사격률

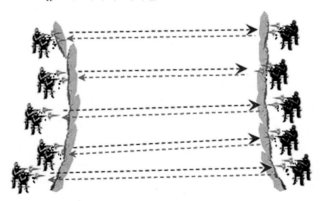

▌그림 2.3 란체스터 제1선형 모형

연립방정식 (2.5)와 (2.6)의 해를 구하고 초기 조건을 고려하면

$$B(t) = B(0) - \alpha t \tag{2.8}$$

$$R(t) = R(0) - \beta t \tag{2.9}$$

가 되고, 두 식을 결합하여 다음과 같은 결과를 얻을 수 있다.

$$\beta(B(0) - B(t)) = \alpha(R(0) - R(t)) \tag{2.10}$$

여기서 양변이 각각 일차항들로 구성되므로 선형 모형이며, 란체스터의 두 선형 모형 중 첫 번째 모형이기 때문에 이 모형을 란체스터 제1선형 모형이라고 한다.

이 식에서 아군이 최종적으로 승리하는 조건을 제곱형 모형에서와 같은 방법으로 구하면,

$$\beta B(0) > \alpha R(0) \tag{2.11}$$

이 되며, 적군이 완전히 살상될 때 아군의 잔류 전투력(B)은 식 (2.10)에 $R(t) = 0$을 대입하여 다음과 같이 구하게 된다.

$$B(t) = \frac{(\beta B(0) - \alpha R(0))}{\beta} \tag{2.12}$$

마찬가지로 $\beta B(0) < \alpha R(0)$가 성립하면 적군이 승리하게 되며, 아군의 전투력이 완전히 손실될 때 적군의 잔류 전투력은

$$R(t) = \frac{(\alpha R(0) - \beta B(0))}{\alpha} \tag{2.13}$$

가 된다.

란체스터의 제1선형 모형은 전투력의 집중효과가 없는 인원 대 인원 간의 교전으로 전선이 뚫리는 일이 없고 포위도 일어나지 않는 경우에 적용할 수 있다.

▶▶▶　예제 2.6

청군 소총수 37명과 홍군 소총수 37명이 교전을 실시한다.

전투상황은 1 대 1 전투이며, 청군의 소총수 1명은 홍군을 평균 매 8분마다 1명을 살상하고 홍군의 소총수 1명은 청군을 평균 매 10분마다 1명을 살상한다고 가정하면 어느 쪽이 승리하겠는가?

한쪽이 완전히 전멸될 때 다른 한쪽은 얼마의 인원이 잔류하겠는가?

그리고 전투는 얼마나 오래 지속되겠는가?

풀이

$$B(0) = 37, \ R(0) = 37, \ \alpha = \frac{1}{10}, \ \beta = \frac{1}{8}$$

$$\beta B(0) = \left(\frac{1}{8}\right)37 = 4.625$$

$$\alpha R(0) = \left(\frac{1}{10}\right)37 = 3.7$$

$$\beta B(0) > \alpha R(0) \ \rightarrow \ 청군 \ 승리$$

홍군 전멸시 청군의 잔류 인력, 전투 지속 시간($R(T) = 0$이 되는 시점)

$$B(T) = \frac{\beta B(0) - \alpha R(0)}{\beta} = \frac{(4.625 - 3.7)}{1/8} = 7.4 \rightarrow 7명$$

$$t = \frac{R(0)}{\beta} = \frac{37}{1/8} = 296분$$

따라서, 청군이 승리하며 7명이 잔류. 이때 전투 지속 시간은 296분

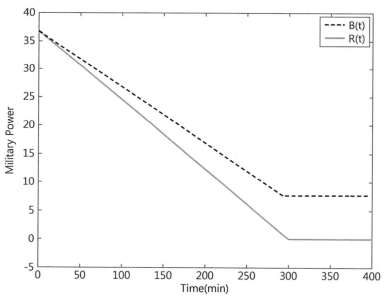

┃ 그림 2.4 란체스터 제1선형 모형

2.3 란체스터 제2선형 모형

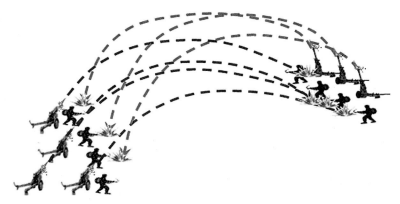

┃그림 2.5 란체스터 제2선형 모형

이 모형은 아군과 적군이 대치하고 있는 상황에서 쌍방은 상대방이 존재하는 일반적 위치를 알고 있어 상대방 지역으로 균일하게 화력을 분배하여 사격하는 경우에 적용된다. 즉, 조준사격이 아니라 범위에 대한 사격이다.

이러한 경우, 아군의 시간에 따른 손실률은 적군의 수(전투력) 및 아군의 수에 비례하고, 적군의 시간에 따른 손실률은 아군의 수 및 적군의 수에 비례한다. 수식으로 표현하면 다음과 같다.

$$-\frac{dB(t)}{dt} = \alpha B(t)R(t) \tag{2.14}$$

$$-\frac{dR(t)}{dt} = \beta B(t)R(t) \tag{2.15}$$

여기에서 α와 β는 손실계수로서 식 (2.5)와 (2.6)에서 사용된 계수와는 다른 양과 의미를 갖는다.

식 (2.14)를 (2.15)로 나누고, 초기 조건을 고려하여 적분하면,

$$\beta(B(0) - B(t)) = \alpha(R(0) - R(t)) \tag{2.16}$$

와 같은 선형 관계식을 구할 수 있다. 앞과 동일한 선형모형으로 나타내기에 제2선형 모형으로 부른다. 하지만 시간에 따른 잔류 전투력 $B(t)$, $R(t)$는 차이가 있다. 이를 구하기 위해 연립 미분방정식 (2.14)와 (2.15)를 풀어 시간 t에서의 쌍방의 잔류 전투력을

구하면 식 (2.15) 및 (2.16)과 같으며, 다음과 같이 유도가 가능하다.

식 (2.16)에서 $\beta B(t) = \beta B(0) - \alpha(R(0) - R(t))$를 식 (2.15)에 대입하면 아래와 같다.

$$\frac{dR(t)}{dt} = (\alpha R(0) - \beta B(0))R(t) - \alpha R(t)^2 \tag{2.17}$$

변수를 분리 후 $-\alpha$를 양변에 곱하면 아래와 같다.

$$\frac{dR(t)}{R(t)^2 - \dfrac{\alpha R(0) - \beta B(0)}{\alpha}R(t)} = -\alpha dt \tag{2.18}$$

여기서 $\dfrac{\alpha R(0) - \beta B(0)}{\alpha} = 2k$라 하면 $\dfrac{dR(t)}{R(t)^2 - 2kR(t)} = -\alpha dt$이다.

좌변을 부분분수 후 R은 $[R(0), R(t)]$구간에서, t는 $[t_0, t]$구간에서 적분하면 다음과 같다.

$$\frac{1}{2k}\int_{R(0)}^{R(t)}\left\{\frac{1}{2k - R(t)} + \frac{1}{R(t)}\right\}dR(t) = \int_0^t \alpha dt \tag{2.19}$$

$$\frac{1}{2k}\left[-\ln|2k - R(t)| + \ln|R(t)|\right]_{R(0)}^{R(t)} = [\alpha t]_0^t \tag{2.20}$$

이를 정리하면

$$\ln\frac{|R(t)||2k - R(0)|}{|R(0)||2k - R(t)|} = 2k\alpha t \tag{2.21}$$

이며, 양변에 exponential을 취하면 아래와 같다.

$$\frac{R(t)(2k - R(0))}{R(0)(2k - R(t))} = \exp^{2k\alpha t} \tag{2.22}$$

$R(t)$에 대해 정리하고 $\exp^{2k\alpha t}$로 양변을 나누면 아래와 같다.

$$R(t) = \frac{2kR(0)}{(2k - R(0))\exp^{-2k\alpha t} + R(0)} \tag{2.23}$$

$2k = \dfrac{\alpha R(0) - \beta B(0)}{\alpha}$ 을 대입 후 α를 양변에 곱하면 아래와 같다.

$$R(t) = \frac{(\alpha R(0) - \beta B(0))R(0)}{-\beta B(0)\exp^{(\alpha R(0) - \beta B(0))t} + \alpha R(0)} \tag{2.24}$$

$y = \dfrac{\alpha R(0)}{\beta B(0)}$ 라 놓고 정리하면 식 (2.26)이 구해진다.

$$B(t) = \frac{-B(0)(y-1)\exp[-\beta B(0)(y-1)t]}{\exp[-\beta B(0)(y-1)t - y]} \tag{2.25}$$

$$R(t) = \frac{-R(0)(y-1)}{\exp[-\beta B(0)(y-1)t] - y} \tag{2.26}$$

여기서, $y = \dfrac{\alpha R(0)}{\beta B(0)}$ 이며 어떤 임의의 시간 t에서 피아 잔류 전투력 비율은

$$\frac{B(t)}{R(t)} = \frac{B(0)}{R(0)}\exp[-\beta B(0)(y-1)t] \tag{2.27}$$

가 된다.

　이 식으로부터 $y < 1$이면 아군이 승리하거나 시간이 경과함에 따라 더 큰 전투력을 갖게 되고, $y > 1$이면 적군이 승리하거나 시간이 경과함에 따라 더 큰 전투력을 갖게 됨을 알 수 있다.

─── ▶▶▶　예제 2.7

청군과 홍군이 포병사격을 실시하면서 교전하고 있다. 이때 청군과 홍군의 최초 전투력은 청군이 18문, 홍군이 20문이다. 청군 포병의 홍군에 대한 살상률은 0.01이고 홍군 포병의 청군에 대한 살상률은 0.008이다. 다음 물음에 답하시오.

(1) 청군과 홍군 중 어느 측이 승리하겠는가?

(2) 승리한 측의 잔류 병력은 어떻게 되겠는가?

(3) 패배측의 살상률이 최소 얼마가 되어야 승리할 수 있겠는가?

풀이 $B(0) = 18, \ R(0) = 20, \ \alpha = 0.008, \ \beta = 0.01$

(1) $\beta B(0) = 0.01 \times 18 = 0.18$

　　$\alpha R(0) = 0.008 \times 20 = 0.16$

　　$\beta B(0) > \alpha R(0) \ \rightarrow \ $ 청군 승리

(2) $B(T) = \dfrac{\beta B(0) - \alpha R(0)}{\beta} = \dfrac{(0.18 - 0.16)}{0.01} = 2 \ \rightarrow \ $ 청군 포병 2문 잔류

(3) 홍군 승리조건이 성립할 때의 α값을 구해야 하므로,

　　$\beta\dfrac{B(0)}{R(0)} < \alpha$ 일 때의 α값을 구하면 된다.

　　$0.01 \times \dfrac{18}{20} < \alpha \ \rightarrow \ 0.009 < \alpha$

　　따라서, 홍군의 살상률 α가 0.009보다 커야만 홍군이 승리 가능

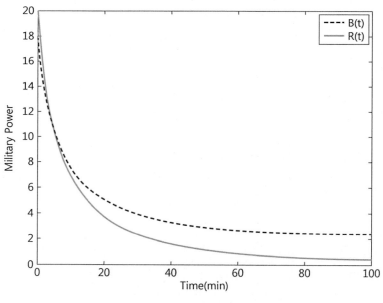

┃그림 2.6 란체스터 제2선형 모형

2.4 혼합 모형

이 법칙은 Deitchman이 게릴라전을 묘사하기 위하여 란체스터 모델을 발전시킨 것으로서 정규군부대는 게릴라부대의 위치를 알지 못하는데 반하여 게릴라부대는 기습부대로서 정규군부대의 일반적 위치를 알고 사격하는 경우를 묘사한 것이다. 정규군부대를 아군(B)이라 하고 게릴라부대를 적군(R)이라고 가정하면, 정규군은 게릴라에 의해 위치가 노출된 상태에서 전투를 수행하므로 정규군의 손실률은 정규군에게 조준사격을 하는 게릴라의 수에 직접 비례하는 제곱형 모형의 경우를 따른다. 즉, 정규군의 시간에 따른 손실률은

$$-\frac{dB(t)}{dt} = \alpha R(t) \tag{2.28}$$

와 같이 표시된다.

한편, 정규군은 숨어 있는 게릴라에게 지역사격을 하고 있기 때문에 게릴라의 시간에 따른 손실률은 선형 모형의 경우를 따라 다음과 같이 표현된다.

$$-\frac{dR(t)}{dt} = \beta B(t)R(t) \tag{2.29}$$

식 (2.28)과 (2.29)를 초기 조건을 고려하여 정리하면,

$$\beta(B(0)^2 - B(t)^2) = 2\alpha(R(0) - R(t)) \tag{2.30}$$

의 관계가 구해지는데, 이는 아군(정규군부대)에 대하여는 제곱형 모형이 적용되고 적군(게릴라부대)에 대하여는 선형 모형이 적용된 혼합된 형태이다. 단, 이러한 혼합 모형을 적용할 경우에는 전투효율 α, β는 정규군과 게릴라의 수에 따라 다른 값을 적용하여야 한다.

혼합 모형의 $B(t)$를 구하는 과정은 아래와 같다.

$$\frac{dB(t)}{dt} = -\alpha R(t) \tag{2.31}$$

$$\frac{dR(t)}{dt} = -\beta B(t)R(t) \tag{2.32}$$

이기 때문에

$$\beta(B(0)^2 - B(t)^2) = 2\alpha(R(0) - R(t)) \tag{2.33}$$

$$R(t) = R(0) - \frac{\beta}{2\alpha}(B(0)^2 - B(t)^2) \tag{2.34}$$

으로 표현할 수 있고, 위의 첫 번째 식과 연립하면

$$\frac{dB(t)}{R(0) - \frac{\beta}{2\alpha}(B(0)^2 - B(t)^2)} = -\alpha dt \tag{2.35}$$

가 되며 $R(0) - \frac{\beta}{2\alpha}B(0)^2 = X, \ \frac{\beta}{2\alpha} = Y$ 라 하면

$$\frac{1}{YB(t)^2 + X}dB(t) = \frac{1}{Y\left(B(t)^2 + \left(\sqrt{\frac{X}{Y}}\right)^2\right)}dB(t) \tag{2.36}$$

가 성립한다. 위 식을 적분하면

$$\frac{1}{T}\sqrt{\frac{Y}{X}}\tan^{-1}\left(\sqrt{\frac{Y}{X}}B(t)\right) = -\alpha t \tag{2.37}$$

$$\tan\left(-\frac{\beta}{2}t\sqrt{\frac{2\alpha R(0) - \beta}{\beta}}\right) = \sqrt{\frac{\beta}{2\alpha R(0) - \beta B(0)^2}}B(t) \tag{2.38}$$

$$B(t) = \sqrt{\frac{2\alpha R(0) - \beta B(0)^2}{\beta}}\tan\left(-\frac{\beta}{2}t\sqrt{\frac{2\alpha R(0) - \beta}{\beta}}\right) \tag{2.39}$$

$R(t)$의 경우도 동일한 과정으로 유도할 수 있다.

▶ ▶ ▶ 예제 2.8

경계를 담당하는 A중대(K)는 133명의 전투병력으로 편성되어 있다. 적군 게릴라부대(G)는 12명이 주둔지 일대로 침투하여 교전 중이다. 기습을 실시한 게릴라는 A중대 병력의 정확한 위치를 알고 사격을 하며, A중대는 게릴라의 일반적인 위치에 대해 지역사격을 실시한다. 게릴라의 살상률(α)은 A중대의 살상률(β)보다 800배 큰 것으로 판단된다. 게릴라의

기습공격을 막아내는 데 필요한 추가 투입 병력 수는 얼마인지 구하시오.

풀이 $\beta K(0)^2 = \beta \times 133^2 = 17689\beta$

$2\alpha G(0) = 2 \times 800\beta \times 12 = 19200\beta$

$\beta K(0)^2 < 2\alpha G(0)$이므로 A중대는 게릴라를 격멸 불가

$\beta(K(0)^2 - K(t)^2) = 2\alpha(G(0) - G(t))$

$K(T) = 0,\ G(T) = 0$일 때의 $K(0)$ 값

$K(0)^2 = 2 \times 800 \times 12 = 19200,\ K(0) = 138.56$

방어를 위한 최소한의 병력은 139명이 필요하므로 추가 투입 병력 수는 6명

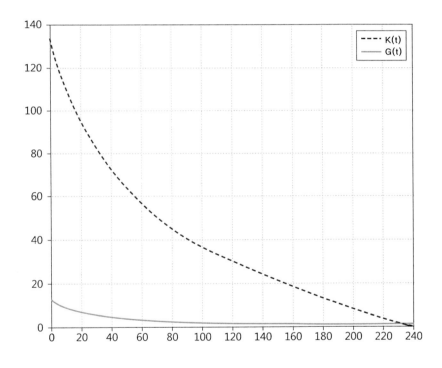

┃그림 2.7 혼합 모형

2.5 로그 모형

직사화기 교전에서 전투 초기를 생각하자. 이때는, 상대 표적을 획득하기 곤란하고 서로에게 가장 취약한 시기로서 순간적으로 아군의 손실률은 아군의 수에, 적군의 손실률은 적군의 수에 비례하게 된다. 탄막이 균일하게 형성된 구역에 진입할 경우, 병력수에 따라 손실이 비례 한다고 볼 수 있기 때문이다. 이를 수식으로 표현하면 다음과같다.

$$-\frac{dB(t)}{dt} = \alpha B(t) \tag{2.40}$$

$$-\frac{dR(t)}{dt} = \beta R(t) \tag{2.41}$$

식 (2.40)을 (2.41)로 나누고, 초기값을 대입하여 적분하면

$$\beta \ln \frac{B(0)}{B(t)} = \alpha \ln \frac{R(0)}{R(t)} \tag{2.42}$$

의 관계식을 구할 수 있다. 그런데 이 식은 아군과 적군의 수 사이에 로그관계가 있음을 보여 준다.

미분방정식 (2.40)과 (2.41)의 해를 구하고 초기값을 대입하여 전투시간 t에서의 잔류한 각 군의 수를 식 (2.47) 및 (2.48)과 같이 구할 수 있다. 다음은 전투시간 t에서의 잔류한 청군의 수 $B(t)$를 구하는 과정이다. 식 (2.40)을 정리하여 양변을 적분하면,

$$\int_{B(0)}^{B(t)} \frac{1}{B(t)} dB(t) = \int_{0}^{t} -\alpha dt \tag{2.43}$$

$$[\ln|B(t)|]_{B(0)}^{B(t)} = [-\alpha t]_{0}^{t} \tag{2.44}$$

$$\ln \frac{B(t)}{B(0)} = -\alpha t \tag{2.45}$$

의 식을 구할 수 있다. 양변에 exponential을 취하면,

$$\frac{B(t)}{B(0)} = e^{-\alpha t} \tag{2.46}$$

가 되며, 이 식을 $B(t)$에 대해 정리하면 식 (2.47)을 구할 수 있다. 전투시간 t에서의 잔류한 홍군의 수 $R(t)$도 동일한 과정을 통해 구할 수 있다.

$$B(t) = B(0)e^{-\alpha t} \tag{2.47}$$

$$R(t) = R(0)e^{-\beta t} \tag{2.48}$$

다만 전투 극 초기에는 로그모형일지라도 상대표적이 획득가능해지는 순간에 전투 상황은 바로 제곱형 모형으로 변한다. 처음 로그모형이 제안되었을 때에는 교전 초반만을 모의하였으나, 이후 부대의 손실률이 부대 자신의 병력 수에 비례하는 다양한 경우에 널리 쓰이고 있다. 대표적으로 지뢰지역을 통과할 때의 병력 손실이나 특정비율로 사망하는 전염병이 도는 경우 등에 사용된다.

───────────────────────────────── ▶▶▶ 예제 2.9

A형 야포 20문을 설치 및 운용하고 있는 청군은 살상력이 더 강한 B형 야포 20문으로 교체하는 방안을 검토 중이다. A형 야포의 살상률은 단위 시간당 0.001, B형 야포의 살상률은 단위 시간당 0.003이다(단위 시간 : 분). B형 야포로 교체하는 방안을 결정하여 막 교체작업을 시작하려고 하는 순간, 홍군의 포병으로부터 공격이 시작되었다. B형 야포로 교체하는 데 걸리는 시간은 10분이고, 교체작업 중에는 아무런 공격을 하지 못하고 버텨야 한다.

이러한 상황에서 교체를 하는 것이 좋은지, 교체하지 않고 바로 응사하는 것이 좋은지 답하시오(단, 홍군은 A형 야포 15문을 보유하고 있으며 살상률은 단위 시간당 0.001이다.).

풀이 청군이 교체작업을 결정하여 아무런 공격을 하지 못하고 버티는 경우, 그 기간 동안 청군의 시간에 따른 손실률은 다음과 같은 형태의 모형이 적용된다.

$-\dfrac{dB(t)}{dt} = \alpha B(t) R(t)$ (이때, $R(t)$는 해당 기간 동안 변하지 않으므로 상수)

→ 로그모형을 적용하여 전투시간 t에서의 청군 잔류 야포 수는

$B(t) = B(0)e^{-\alpha R(t)t}$

(방안 1: 야포 교체 없이 바로 대응사격)

$B(0) = 20, \ R(0) = 15, \ \alpha = \beta = 0.001$

$\beta B(0) = 0.001 \times 20 = 0.02$

$\alpha R(0) = 0.001 \times 15 = 0.015$

$\beta B(0) > \alpha R(0)$ → 청군 승리

$B(T) = B(0) - \dfrac{\alpha}{\beta} R(0) = 20 - \dfrac{0.001}{0.001} \times 15 = 5$ → 청군 5문 잔류

(방안 2: B형 야포로 교체)

• 전투 시작 후 10분간 :

$$B(0) = 20, \ R(0) = R(t) = 15, \ \alpha = 0.001, \ \beta = 0$$

$$-\frac{dB(t)}{dt} = \alpha B(t) R(t) = 0.001 \times B(t) \times 15 \ \rightarrow \ B(t) = 20 e^{-0.015t}$$

• 10분 이후 제2선형 모형 적용 :

$$B(10) = 20 e^{-0.015 \times 10} = 17.21 \approx 17, \ R(10) = 15, \ \alpha = 0.001, \ \beta = 0.003$$

$$\beta B(10) = 0.003 \times 17 = 0.051$$

$$\alpha R(10) = 0.001 \times 15 = 0.015$$

$$\beta B(0) > \alpha R(0) \ \rightarrow \ 청군 \ 승리$$

$$B(T) = B(10) - \frac{\alpha}{\beta} R(10) = 17 - \frac{0.001}{0.003} \times 15 = 12 \ \rightarrow \ 청군 \ 12문 \ 잔류$$

두 방안 모두 최종적으로 청군이 승리한다.

그러나 방안 1의 잔류 야포가 5문인 반면, 방안 2의 잔류 야포는 12문이므로 더 많은 야포를 생존시킬 수 있는 방안 2를 선택하여 B형 야포로 교체하는 것이 더 유리하다.

03

확률형 모델링
(몬테카를로 시뮬레이션)

3.1 개요

제 2장에서 살펴본 란체스터 모형은 전투력과 살상률이라는 확정적인 요소가 입력 값으로 주어질 경우 발생되는 결과를 예측하는 확정형 모형이다. 물론 수많은 후속 연구자들의 연구 결과 란체스터 모형에 확률적인 요소를 포함시킨 모형 또한 개발되었으나, 원래의 목적은 주어진 전투력과 살상률을 이용하여 양쪽 부대의 전투결과를 판별하는 것이 주된 관심사였다. 그러나 세상에서 발생하는 여러 가지 사건들은 확정적이지 못하고 그 결과도 예측하기 힘든 경우가 대부분이다. 특히 전장상황은 수시로 변화하는 요소가 너무 많아 여러 요소들의 값을 특정하게 정하여 입력하고 전투결과를 예측하기는 매우 어렵다.

이와 같은 이유로 입력 값 중에서 확정적인 요소인 무기체계의 일반적인 성능은 그대로 반영이 되지만 명중확률, 살상확률 및 탐지확률 같은 확률적인 요소가 입력 값으로 주어질 경우에는 확률적으로 전투결과가 도출되도록 모형화할 필요가 있다. 예를 들어, 특정 무기체계 1발의 명중확률이 70%일 경우 1발을 사격했을 경우에는 표적에 맞을 수도 있고 안 맞을 수도 있다. 단, 명중확률이 70%이기 때문에 100발을 사격할 경우에는 70발 정도가 표적에 명중한다는 것을 의미한다. 따라서 명중확률 같은 확률적인 요소가 입력 값으로 주어질 경우에는 확률 개념을 반영하여 사격한 무기체계가 표적에 명중했는지를 판별해야 할 것이다.

이와 같이 확률적인 입력요소가 있을 경우 그 결과도 확률적으로 주어지도록 개발된 것이 몬테카를로 시뮬레이션이다. 몬테카를로 시뮬레이션은 모나코 왕국의 유명한 도박의 도시 몬테카를로의 이름을 따서 명명하였다. 도박에 사용되는 도구를 생각해보자. 룰렛이나 카드, 주사위 같은 확률적으로 숫자가 주어지는 매개체를 이용하여 게임을 진행한다. 또한 일정한 규칙에 의해 매 시행마다 결과도 다르게 주어진다. 입력되는 값이 확률적이기 때문에 게임의 결과도 정확하게 예측하기 어렵다. 하지만 아주 많이 반복할 경우 고유의 확률에 가까워진다. 카지노의 수익 원리도 이와 같다. 각각의 개인입장에서는 돈을 딸 수도, 잃을 수도 있으나 확률적으로 카지노가 1%라도 이득을 보도록 설정한다면, 고객이 많이 올수록, 규모가 클수록 카지노의 이익은 미리 예측된 값에 가까워지게 된다.

몬테카를로 시뮬레이션이란 불확실한 상황하에서의 의사결정을 목적으로 확률적 시스템의 모의실험에 이용되는 절차를 말한다. 몬테카를로 시뮬레이션의 핵심은 모형의 확률요소에 대한 실험인데 이는 확률적 또는 우연 결과를 발생시켜 주는 도구를 이용하여 수행되고, 모형에서 가정한 확률분포에 따라 무작위 표본추출에 의해서 이루어진다.

몬테카를로 시뮬레이션은 임의의 난수(random number)를 생성하여 입력 값을 얻는다. 이를 통해 확률적인 부분을 모의한다. 이와 같이 생성된 여러 난수에 따라 실험의 결과 값은 서로 다를 것이지만 그렇기 때문에 무수히 많은 실험을 통한 통계자료를 얻어 그 자료로부터 역산하여 어떤 특정한 수치나 확률분포를 구하는 방법을 취하고 있다. 따라서 통계자료가 많을수록, 입력 값의 분포가 고를수록 결과의 정밀성이 보장된다는 것을 알 수 있다. 컴퓨터의 등장으로 컴퓨터에서 생성되는 난수를 활용하여 입력 값과 비교하여 그 결과를 도출하고 수많은 반복실험을 통해 그 결과를 예측하는 방법을 사용하고 있다.

▌그림 3.1 몬테카를로 시뮬레이션의 발생지인 모나코의 몬테카를로

국방 M&S에 사용되는 도구인 국방시뮬레이션 모델의 경우에도 입력 값을 의사 난수와 비교하여 그 결과를 도출하고 수많은 반복실험을 통해 그 결과 값을 예측하는 방법을 사용하고 있다. 본 장에서는 몬테카를로 시뮬레이션에 사용되는 난수와 확률변수 생성 방법을 알아보고, 일반 사회에서 많이 다루어지는 원주율 파이(π) 추정을 살펴본 후 국방시뮬레이션 모델에 사용되는 명중확률 추정과 명중확률을 활용한 명중여부 결정 등의 몬테카를로 시뮬레이션을 학습하도록 한다.

3.2 난수 생성 방법

3.2.1 확률적 현상

세상의 많은 일들 중에는 확률적인 현상이 수도 없이 산재해 있다. 동전을 던져 앞면이 나오는 경우는 확률적으로 50%라 할 수 있고, 주사위를 던져 홀수인 숫자가 나올 확률은 1/2(50%)이라 할 수 있다. 하지만, 실제 두 사람이 동전을 던져 앞면이 나오면 이긴다고 할 경우 이길 확률이 50%라고 단정할 수 없고 그 결과도 예측하기 힘들다. 마찬가지로 주사위를 던져 홀수의 숫자가 나오면 이긴다고 할 경우 이길 확률과 그 결과가 일정하다고 말할 수 없다. 단 한 번의 게임을 수행할 경우 이길 확률과 그 결과는 우리가 이미 알고 있는 동전의 앞면이나 주사위에서 홀수의 숫자가 나오는 경우의 확률과는 아주 판이한 형태가 될 가능성이 높다고 할 수 있다. 이 경우 1,000회의 게임을 시행한다고 하면 통계적으로 50%의 승산이 있다고 말할 수 있다.

전투의 경우도 마찬가지이다. 앞서 언급한 명중확률이 50%라고 할 경우 그 결과가 2번 사격하면 1번 명중한다고 단정지을 수 없는 것이다. 하지만 이를 반복해서 여러 번 수행하게 되면 통계적으로 50% 명중된다고 말할 수 있을 것이다. 국방시뮬레이션 모델의 경우 수많은 무기체계가 함께 교전하기 때문에 각각의 무기체계의 명중확률 값이 합해진다고 하면 하나의 무기체계가 수만 번 반복해서 사격하는 경우와 유사하다 할 수 있기 때문에 이를 반영하기 위한 방법으로 난수를 생성하여 반복실험을 통해 그 결과를 도출하는 몬테카를로 시뮬레이션을 사용하고 있다.

3.2.2 중앙제곱법

난수는 몬테카를로 시뮬레이션에서 주로 사용하는 것으로 국방시뮬레이션 모델도 몬테카를로 시뮬레이션을 사용하여 확률적인 부분을 반영하고 있다. 난수는 규칙성을 가지지 않는 임의의 수를 말하며, 동전의 앞면 및 뒷면, 주사위의 숫자와 같이 발생되는 값이 규칙적이지 않은 수를 사용한다. 현재는 컴퓨터가 발전하여 컴퓨터 시뮬레이션에 사용하기 위해 발생시키고 있으며 이러한 난수를 의사 난수(pseudo random number)라고 한다. 의사 난수는 [0, 1] 사이의 균등분포(uniform distribution)를 따라 독립적으로 발생시킨다. 의사 난수를 발생시키는 방법은 중앙제곱법(midsquare method)과 선형합동법(linear congruential generator)이 주로 사용되고 있다.

중앙제곱법은 폰 노이만(von Neumann)에 의해 제안된 것으로 아래 식을 이용하여 난수를 발생시킨다.

$$X_{i+1} = X_i^2, \quad i = 0, 1, 2, \ldots \tag{3.1}$$

이 방법은 초기 숫자를 임의로 만들고 8자리를 기준으로 제곱하여 얻은 숫자의 중앙 부분에 있는 4자리 숫자를 난수로 사용한다. 만약 얻은 숫자가 7자리 이하이면 앞에 0을 추가하여 8자리로 맞추고, 3~6째 숫자를 사용한다. 이후의 숫자도 앞에서 구한 난수를 제곱하여 중앙 부분의 4자리 숫자를 난수로 사용하는 방법으로 반복한다.
예를 들어, 초기 숫자인 $X_0 = 1234$인 경우 $X_0^2 = 1234^2 = 01522756$이 되고 중앙 4자리 숫자는 5227이므로, $X_1 = 5227$이 된다.

X_2를 구하기 위하여 구한 난수 5227을 제곱하여($X_1^2 = 27321529$) 중앙 4자리 숫자를 취하면 $X_2 = 3215$가 된다. 최종적으로 구한 난수가 3215이므로 [0, 1]의 의사 난수로 바꾸어주면 0.3215가 된다.

중앙제곱법은 중앙의 4자리 숫자를 사용하게 되므로 초기 숫자를 잘못 적용하게 되면 0의 숫자를 많이 발생하게 되어 난수를 발생시키지 못하는 경우가 생길 수 있는 단점이 있다. 다음 예제의 경우가 그에 해당된다.

중앙제곱법을 적용하여 다음의 문제에 답하시오.

(1) 초기 숫자가 4321일 경우 X_3의 의사 난수를 구하시오.

(2) 난수를 발생시키지 못하게 되는 초기 숫자를 하나 찾으시오.

풀이 (1) $X_0^2 = 4321^2 = 18671041,\ X_1 = 6710$

$X_1^2 = 6710^2 = 45024100,\ X_2 = 0241$

$X_2^2 = 0241^2 = 00058081,\ X_3 = 0580$

따라서 의사 난수는 0.0580

(2) $X_0 = 1000$일 경우 난수 발생이 불가하다.

3.2.3 선형합동법

선형합동법은 난수를 발생시키는 데 가장 많이 사용하는 방법으로 래머(Lehmer)에 의해 제안된 것으로 선형계획법의 식과 mod 함수가 결합된 형태이며 다음 식을 이용하여 난수를 발생시킨다.

$$X_{i+1} = (AX_i + C)\ \mathrm{mod}\ M,\quad i = 0,\ 1,\ 2,\ \dots \tag{3.2}$$

$(X) \bmod M$은 X를 M으로 나눈 나머지이고, A, C, X_0, M 등 모든 수는 양수이다. 또한 $0 \leq X_0 \leq M-1$이고 A, C는 M보다 작은 수로 $A < M$, $C < M$을 만족해야 한다. $A = 1234$, $X_0 = 9876$, $C = 20$, $M = 10^5$이면$(A < M,\ C < M,\ 0 \leq X_0 \leq 10^5 - 1$을 만족), $X_1 = (1234 \times 9876 + 20)\ \mathrm{mod}\ 10^5 = (12187004)\ \mathrm{mod}\ 10^5 = 87004$가 되고, 의사 난수는 $[0,\ 1]$의 값을 가져야 하므로 발생되는 난수는 0.87004가 된다.

$A = 4321$, $X_0 = 6789$, $C = 100$, $M = 10^5$일 경우 X_3의 의사 난수를 구하시오.

풀이
$$X_1 = (4321 \times 6789 + 100) \bmod 10^5 = (29335369) \bmod 10^5 = 35369$$
$$X_2 = (4321 \times 35369 + 100) \bmod 10^5 = (152829549) \bmod 10^5 = 29549$$
$$X_3 = (4321 \times 29549 + 100) \bmod 10^5 = (127681329) \bmod 10^5 = 81329$$

따라서 의사 난수는 0.81329

3.3 확률변수 생성 방법

확률변수는 우리가 구하고자 하는 값을 찾는 과정으로, 입력 값이 확률적으로 주어지기 때문에 확률분포에 따라 구하는 방법이 다르다. 확률변수의 값은 난수를 생성하여 역함수를 통해 각 확률분포의 누적 확률분포함수를 구하게 된다. 가장 많이 쓰이는 확률분포인 균등분포, 지수분포, 정규분포 확률변수를 구하는 방법을 알아보자. 확률분포에 대한 세부적인 설명은 통계학 교재를 참고하기 바란다.

3.3.1 균등분포의 확률변수 생성 방법

확률변수는 확률밀도함수와 누적 확률분포함수를 통해 구할 수 있다. 균등분포(uniform distribution)의 확률밀도함수와 누적 확률분포함수는 다음과 같다.

$$\text{확률밀도함수 } f(x) = \begin{cases} \dfrac{1}{b-a}, & a < x < b \\ 0, & \text{기타} \end{cases}$$

$$\text{누적 확률분포함수 } F(x) = \frac{x-a}{b-a}$$

누적 확률분포함수 $F(x)$ 대신에 [0, 1] 사이의 난수 r을 두면 균등분포 확률변수 $X = a + r(b-a)$이다. 따라서 먼저 난수 r을 발생시키고, 확률변수 $X = a + r(b-a)$를 통해 확률변수 값을 구한다.

3.3.2 지수분포의 확률변수 생성 방법

지수분포의 확률밀도함수와 누적 확률분포함수는 다음과 같다.

$$\text{확률밀도함수 } f(x) = \lambda e^{-\lambda x}$$
$$\text{누적 확률분포함수 } F(x) = 1 - e^{-\lambda x}$$

따라서 균등분포 확률변수 생성 방법과 동일하게 지수분포 확률변수에 적용하면, $X = -\dfrac{1}{\lambda} \ln(r)$이 되고, $[0, 1]$ 사이의 난수 r을 발생시켜 확률변수 X를 구하면 된다.

3.3.3 정규분포의 확률변수 생성 방법

정규분포의 확률변수는 표준정규분포 확률변수 Z를 구한 후, 공식에 의해 결정한다. 따라서 표준정규분포의 확률변수는 난수 r을 생성하여 구하고 정규분포 확률변수 X를 구하면 된다. 표준정규분포의 확률밀도함수는 다음과 같다.

$$f(x) = \frac{1}{\sqrt{2\pi}} e^{-\frac{z^2}{2}} \tag{3.3}$$

표준정규분포는 균일비 방법에 의해 다음과 같은 절차로 발생시킨다.

① $[0, 1]$ 사이의 난수 r_1, r_2 발생시키고 V 계산 $\quad V = \sqrt{\dfrac{2}{e}}(2r_2 - 1)$

② Z, K 계산 $\quad Z = \dfrac{V}{r_1}, \; K = \dfrac{1}{4}Z^2$

③ if $K < (1 - r_1)$ go to ⑤

④ if $K > \left(\dfrac{0.259}{r_1} + 0.35\right)$ or $K > -\ln r_1$ go to ①

⑤ Z 발생

표준정규분포 확률변수 Z를 다음 공식에 의해 정규분포 확률변수 X를 구한다.

$$X = \mu + \sigma Z (\mu: \text{정규분포의 평균}, \; \sigma: \text{정규분포의 표준편차}) \tag{3.4}$$

3.4 몬테카를로 시뮬레이션

몬테카를로 시뮬레이션은 확률변수 값을 구하는 것과 같이 난수를 발생시켜 수많은 실험을 하여 원 문제의 확률을 추정하여 해결하는 방법이다. 3가지 예제를 통해 몬테카를로 시뮬레이션을 알아보자.

3.4.1 원주율 π의 추정

반지름이 1인 원을 이용하여 원주율 π를 추정하는 몬테카를로 시뮬레이션을 시행해보자. 원주 $l=2\pi r$이므로 원주율 $\pi=\dfrac{l}{2r}$임을 쉽게 알 수 있다. 즉, 원주율은 원의 지름 대비 원주의 비율임을 알 수 있다.

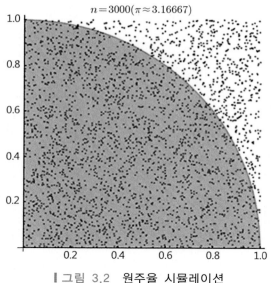

▍그림 3.2 원주율 시뮬레이션

그림 3.2는 반지름이 1인 원을 4등분하고 원을 확장하여 정사각형을 그린 모습이다. 그림 3.2에서 정사각형의 넓이 대비 원의 넓이는 다음과 같이 구할 수 있다.

$$\frac{\text{원의 넓이}}{\text{정사각형의 넓이}}=\frac{\pi r^2}{4r^2}=\frac{\pi}{4}$$

따라서 정사각형과 원의 비율은 $\dfrac{\pi}{4}$이고, $\pi=\dfrac{\text{원의 넓이}}{\text{정사각형의 넓이}}\times 4$라는 공식을 유도할 수 있다. 그렇다면 정사각형 안에 임의로 점을 찍을 경우 원 안에 찍힐 확률은 $\dfrac{\pi}{4}$

가 된다.

그러므로 정사각형 안에 임의로 여러 개의 점을 찍는 몬테카를로 시뮬레이션을 수행하여 π의 값을 추정할 수 있다. 그 절차는 다음과 같다.

① [0, 1] 사이의 난수를 발생시켜 점 (x, y)를 추출한다.
② 추출한 점이 중심이 $(0, 0)$이고 반지름이 1인 원에 속하는지 검사
  * $x^2 + y^2 \leq 1$인 점을 기록
③ 단계 ①, ②의 과정을 충분히(N번) 반복(예 : 1,000회 반복)
④ 단계 ②에서 기록된 점(원에 속한 점)의 개수를 계산
⑤ π 구하는 공식에 대입: $\pi = \dfrac{\text{원의 넓이}}{\text{정사각형의 넓이}} \times 4 = \dfrac{\text{원에 속한 점의 개수}}{N} \times 4$

▌표 3.1 원주율 계산 시뮬레이션(엑셀 활용 Ⅰ)

parameter	

result	
count	786
원주율	3.144

trial	x_RN	y_RN	sim_result
1	0.890138131	0.551560723	FALSE
2	0.0810716958	0.571991584	TRUE
3	0.462553371	0.134505714	TRUE
4	0.637541122	0.153639136	TRUE
5	0.212965802	0.316232921	TRUE
6	0.926699408	0.0369474027	TRUE
7	0.974996417	0.764777458	FALSE
8	0.614739351	0.924276641	FALSE
9	0.317498622	0.19934238	TRUE
10	0.347379063	0.399911037	TRUE
11	0.304805024	0.858033958	TRUE
12	0.976736992	0.0186265791	TRUE
13	0.0569148022	0.567080601	TRUE
14	0.923659611	0.947074119	FALSE
15	0.47470982	0.447940668	TRUE
16	0.538804288	0.68366518	TRUE
17	0.360679686	0.943486593	FALSE
18	0.179163611	0.202804129	TRUE
19	0.528999456	0.893856742	FALSE
20	0.0502690105	0.871259476	TRUE

위와 같은 절차에 의해 그림 3.2에서 보는 바와 같이 원에 속한 점의 개수와 정사각형에 속한 점의 개수(N)를 비교하면 쉽게 원주율 π의 근사 값을 구할 수 있다. 실제로 N을 30,000회 반복수행하면 원주율 π의 추정치는 실제 값의 0.07% 오차 안에 들어오게 된다. 표 3.1은 점 (x, y)를 난수로 구하고, 원에 속한 점의 개수를 구하는 과정을 N=1,000회 반복하는 과정 중 일부인 20회 반복과정과 그 결과 값인 원주율 추정치를 보여주고 있고 그림 3.3은 N=1,000번을 시행하여 원에 속한 점의 개수를 표시한 것이다. N=1,000회 반복 시 원주율 π=3.144로 추정할 수 있고 이와 같은 방법으로 더 많은 실험을 시행하게 되면 실제 원주율 값에 근접한 추정치를 구할 수 있다.

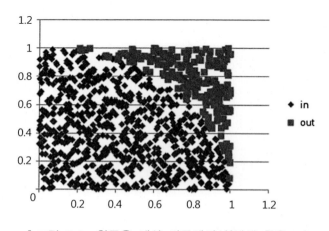

▮그림 3.3　원주율 계산 시뮬레이션(엑셀 활용 Ⅱ)

3.4.2 명중확률의 추정

직사화기 무기체계를 다음 실험을 통해 수평오차와 수직오차를 구하였다. 실험결과를 적용하여 명중확률을 계산하는 몬테카를로 시뮬레이션을 시행해 보자.

직사화기 사격은 1,000m 거리의 표적(2m×2m)에 대하여 그림 3.4와 같이 시행하였고 실험결과 총 수평오차(σ_x)=0.8m, 총 수직오차(σ_y)=1.6m이고 탄착점은 정규분포를 따른다.

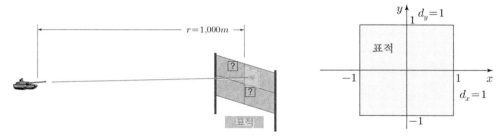

┃그림 3.4 직사화기 무기체계 사격 실험

몬테카를로 시뮬레이션 절차는 다음과 같다.

① 점 $(0,\ 0)$을 중심(평균)으로 $\sigma_x = 0.8$, $\sigma_y = 1.6$을 표준편차로 갖는 정규분포에서
　점 $(x,\ y)$를 추출

② 추출한 점 $(x,\ y)$가 표적의 크기범위 안에 있는지 검사

③ 단계 ①, ②를 N번 반복수행

④ 표적 안에 들어간 점의 개수를 조사 : x축과 y축의 절대 값이 1 이하인 점

⑤ 명중확률 추정 : 명중확률 $= \dfrac{\text{표적 안의 점의 개수}}{N}$

이론적 단발 명중확률은 수평방향의 명중확률과 수직방향의 명중확률을 곱한 값이
며 다음과 같이 계산된다.

$$
\begin{aligned}
P_x(-1 \le x \le 1) &= P_x\left(\frac{-1-\mu_x}{\sigma_x} \le Z_x \le \frac{1-\mu_x}{\sigma_x}\right) \\
&= P_x\left(\frac{-1}{0.8} \le Z_x \le \frac{1}{0.8}\right) \\
&= 0.3944 \times 2 = 0.7888
\end{aligned} \tag{3.5}
$$

$$
\begin{aligned}
P_y(-1 \le y \le 1) &= P_y\left(\frac{-1-\mu_y}{\sigma_y} \le Z_y \le \frac{1-\mu_y}{\sigma_y}\right) \\
&= P_y\left(\frac{-1}{1.6} \le Z_y \le \frac{1}{1.6}\right) \\
&= 0.234 \times 2 = 0.468
\end{aligned} \tag{3.6}
$$

따라서, 명중확률 $= P_x \times P_y = 0.7888 \times 0.468 = 0.369(36.9\%)$

표 3.2는 몬테카를로 시뮬레이션을 통해 명중확률을 구한 것으로 $N = 1,000$회 실시
한 결과로 표적 안의 점의 개수가 391개이므로 명중확률이 0.391이 되고, 실제 명중확
률(0.369)과 비교해도 2.2%의 오차가 남을 알 수 있다. N의 횟수를 수만 번 반복하게
되면 실제의 명중확률과 근접한 결과를 도출할 수 있다.

‖ 표 3.2 명중확률 실험(엑셀 활용 Ⅲ)

parameter			result	
mean_x	0		count	391
sig_x	0.8		prob	0.391
mean_y	0			
sig_y	1.6			

trial	x_RN	x_Coor	y_RN	y_Coor	check_x	check_y	asse
1	0.06718	-1.19773	0.02412	-3.16049	FALSE	FALSE	FALSE
2	0.33283	-0.34569	0.86287	1.74932	TRUE	FALSE	FALSE
3	0.33599	-0.33874	0.04140	-2.77542	TRUE	FALSE	FALSE
4	0.85195	0.83588	0.77299	1.19799	TRUE	FALSE	FALSE
5	0.72319	0.47389	0.73732	1.01618	TRUE	FALSE	FALSE
6	0.19391	-0.69087	0.97809	3.22520	TRUE	FALSE	FALSE
7	0.70457	0.43008	0.72420	0.95261	TRUE	TRUE	TRUE
8	0.71229	0.44807	0.42181	-0.31562	TRUE	TRUE	TRUE
9	0.36364	-0.27901	0.61496	0.46761	TRUE	TRUE	TRUE
10	0.55995	0.12068	0.14468	-1.69525	TRUE	FALSE	FALSE
11	0.60693	0.21705	0.59696	0.39279	TRUE	TRUE	TRUE
12	0.15791	-0.80246	0.04314	-2.74457	TRUE	FALSE	FALSE
13	0.05814	-1.25647	0.15004	-1.65801	FALSE	FALSE	FALSE
14	0.72959	0.48925	0.16418	-1.56387	TRUE	FALSE	FALSE
15	0.38916	-0.22520	0.64397	0.59056	TRUE	TRUE	TRUE

3.4.3 명중여부 결정

무기체계의 명중확률이 주어졌을 때(실제로 국방시뮬레이션 모델에서도 여러 실험을 통해 데이터베이스로 제공된다) 사격한 무기체계가 명중했는지를 판단해 보자. 이를 몬테카를로 시뮬레이션을 통해 구하는 방법은 난수를 발생시켜 명중확률과 비교하여 명중여부를 판별하고 이를 수많은 실험을 통해 구하는 것이다. 주어진 명중확률을 바탕으로 명중여부를 판단하는 몬테카를로 시뮬레이션의 절차는 다음과 같다.

① [0, 1] 사이의 난수 r을 발생
② 난수 r과 명중확률을 비교
③ 난수 $r <$ 명중확률이면 명중, 그렇지 않으면 명중 실패로 판정
④ 단계 ①, ②, ③의 절차를 N회 반복수행
⑤ 명중확률 계산 : 명중횟수/N

▎표 3.3 명중여부 실험(엑셀 활용 Ⅳ)

횟수	난수	명중확률	결과
1	0.56	0.7	명중
2	0.98	0.7	실패
3	0.12	0.7	명중
4	0.71	0.7	실패
⋮			

표 3.3은 명중확률이 0.7, $N=1,000$회 실시하여 엑셀을 활용하여 명중여부를 판정하는 시트의 일부를 보여주고 있다. 1,000회 시행하였을 경우 명중확률이 0.697이 됨을 확인할 수 있다.

국방시뮬레이션 모델에서 명중여부를 판별하는 논리도 이와 같이 되어 있다. 결국 난수 r과 명중확률을 비교하여 명중여부를 결정하게 된다. 국방시뮬레이션 모델에서는 직접사격과 관련된 명중확률 자료와 간접사격과 관련된 명중확률 자료가 모델 내에 데이터베이스로 주어져 있고 사건이 발생할 때마다 난수를 발생시켜 명중여부를 판정하고 그 결과에 따라 전투결과가 도출되게 되어 있다. 적 부대를 탐지하는 탐지확률, 명중되었을 시 적 무기체계가 파괴될 확률도 관련 데이터베이스가 구축되어 있고 명중확률을 판정하는 절차와 동일한 몬테카를로 시뮬레이션을 통해 그 결과를 제시하게 된다.

3.5 소결론

몬테카를로 시뮬레이션은 우리가 하나하나 수식을 통합하여 계산하지 못하는 복잡하고 다양한 상황에 대해 실험을 반복하여 확률을 추정하는 방법이다. 실제 현실에서 실험하기 어려운 대규모의 문제나, 복잡한 계산이 필요한 어려운 문제를 효과적으로 풀어주기 때문에 국방시뮬레이션 분야 외에도 다양한 분야에서 매우 활발히 쓰이고 있다. 하지만 과정보다는 결과를 통해 분석하는 시뮬레이션 특성 상, 세부 항목이 장기적으로 결과에 미치는 영향을 논리적이고 상세하게 분석하기는 힘들다. 그렇기 때문에 실제 데이터를 잘 수집하고, 상황을 얼마나 잘 묘사하는지에 따라 몬테카를로 시뮬레이션의 정확도가 결정된다고 볼 수 있다. 국방시뮬레이션을 설계하거나 활용하는 과정에서 각 사용자는 장점과 한계점을 명확히 인지하고 운용해야 할 것이다.

PART 3
모의 논리
SIMULATION
LOGIC

CHAPTER 04   전투모의 논리

CHAPTER

04

전투모의 논리

전투모의는 국방 M&S 모델을 위한 전장상황의 단순화 및 추상화된 표현 논리를 말하는 것으로 수식 또는 순서도(flow chart)로 표현된다. 이러한 전투모의 논리를 종합하여 컴퓨터 프로그래밍하면 하나의 시뮬레이션 모델이 완성되며 일반적으로 전장 6대 전투수행 기능과 그 세부 기능으로 분류하여 전투모의 논리를 구성한다.

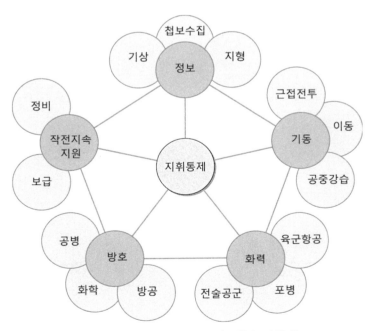

▌그림 4.1 전투모의 논리 세부구성(예)

본 장에서는 이러한 시뮬레이션 모델에 있는 전투모의 논리 중 대표적인 모의 논리인 지상이동모의, 탐지모의, 직접사격모의, 간접사격모의를 중점으로 다루고 있다.

4.1 지상이동 모의 논리

4.1.1 정의 및 구분

지상이동은 근접전투와 함께 기동의 핵심기능으로써 부여된 임무를 수행하기 위하여 부대 및 장비를 요구되는 시간과 장소에 배치시키는 것이다. 따라서 지상이동모의는 단위 부대 및 무기체계 단위로 이동상황을 모의하되, 지형 및 장애물을 포함한 전장환경과 단위 부대 상태 등을 고려하여 시간의 흐름에 따라 개별 부대의 위치좌표를 계산하고 갱신한다.

지상이동 명령에는 적 위협이 없는 아군 지역에서 최단시간 내에 이동하고자 할 때 사용하는 행정이동 명령과 비록 교전상태는 아니지만, 접적상태의 전투지역에서 부대를 이동 시킬 때 사용하는 전술적 이동 명령, 접적 중인 적 부대에 대한 공격기동을 목적으로 부대를 이동시키는 공격이동 명령, 그리고 작전적 판단에 의해 수행되는 철수 명령과 적의 공격으로부터 아군의 전투력 및 지역을 확보하기 위한 방어 명령, 방어 간 전투력의 열세에 의해 수행되는 강요된 철수 명령 등을 포함한다.

4.1.2 지상이동모의 개념

지상이동을 실시하는 부대 및 무기체계는 목적지에 도달할 때까지 지정된 경로를 따라 이동한다. 그림 4.2는 간단한 지상이동모의 절차를 보여주는 것으로서, 지상이동을 위하여 단위 부대 및 무기체계는 부대이동 명령을 입력 받게 되면, 이동에 제한을 주는 사항을 검토하고 최단경로 알고리즘을 토대로 최단경로로 경로지점을 정한다. 다음으로 내부적 알고리즘에 따라 이동속도 및 이동시간을 산출하고 이동모의를 수행한다. 이동이 완료된 이후에는 단위 부대 및 무기체계의 위치를 최신화하며, 기동장비의 연료와 같은 소모품 및 이동 중 발생한 전투력 손실을 계산하여 처리하면 지상이동모의는 완료된다.

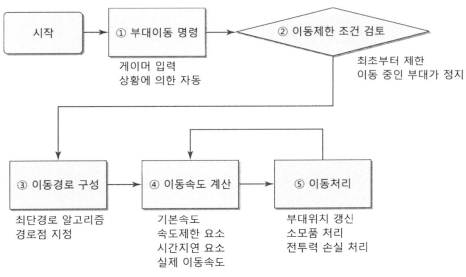

그림 4.2 지상이동모의 논리 순서도

(1) 부대이동 명령

부대이동 명령은 사용자의 입력에 의한 명령과 전투상황에 따라 자동으로 생성되는 상황에 의한 자동명령으로 구분된다. 사용자에 의한 명령은 전술적 및 행정적 부대이동 명령과 공격 명령, 방어 및 철수 명령으로 나뉜다. 반면, 전투상황에 의한 명령은 강요에 의한 철수 이동 명령, 공병부대가 공병임무를 부여 받았을 때 임무수행지역으로 이동할 수 있도록 해주는 자동이동 명령 등이 있다.

(2) 이동제한 조건

명령을 받은 단위 부대 및 무기체계는 이동제한 여부를 판단하게 된다. 최초부터 지상 이동이 제한되는 경우는 침투 명령을 수행 중이거나 화학제독임무를 수행 중인 경우로 이 경우에는 이동하지 못한다. 그러나 현재 부여 받은 임무를 중지하거나, 임무를 종료한 경우는 이동 명령을 수행하게 된다. 만약, 단위 부대가 차량에 승차하거나 기동무기체계인 경우는 가용한 유류가 있을 시에만 이동 명령을 수행한다. 반면, 이동 중인 부대 또는 무기체계가 자동 정지하는 경우가 발생하게 되는데 이는 이동 중 적 부대와 교전이 발생하였거나, 차량화된 부대가 갈 수 없는 산악지역에 봉착 시 그리고 이동 중 연료 고갈 시 이동을 정지한다. 또한 이동 중 인공구조물(건물, 장애물 등)을 만났을 때도 이동 중 자동 정지하게 된다. 이러한 예측 불가한 상황발생에 따라 이동이 취소되면 이동취소 메시지를 사용자에게 보내게 된다.

(3) 이동경로 구성

단위 부대가 이동하는 경로는 사용자가 통과하도록 지정한 중간 및 목표지점, 이동하는 부대의 전투태세 및 이동방법 등의 항목에 의해 결정되며, 소구간을 따라 연속적인 구간이동을 수행한다. 단위 부대의 경우, 출발점은 단대호 중앙점이 되며 최단거리 경로구성 알고리즘을 적용하여 이동을 실시한다. 이때 사용자는 그림 4.3과 같이 이동경로를 명확히 지정하기 위해 경로점을 입력하게 되는데, 이는 최단거리 경로구성 알고리즘 적용에 따른 부대 이동경로의 명확한 지정을 위해 사용된다. 만약, 사용자가 그림 4.3에서 출발점과 도착점만을 지정할 경우, 이동부대는 최단거리 경로구성 알고리즘을 따라 두 지점 상에 위치한 산을 통과하게 되는 원하지 않는 모의가 발생할 수 있으므로 사용자는 이를 유의해야 한다.

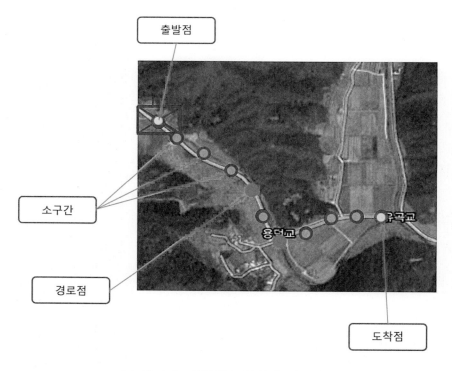

▌그림 4.3 이동경로 구성과 경로점

(4) 이동속도 계산

지상이동을 위한 부대이동 속도 조정은 2가지 방법이 있다. 모델에서 자동으로 계산한 이동속도에 의해 이동하는 방법과 사용자가 이동속도를 지정하여 지정된 속도로 이동하는 방법이 있다. 대부분의 경우 자동 이동속도에 의한 이동이 합리적인 대안이 되지만, 특정 구간이나 상황에서 사용자가 특정 이동속도로 이동하고자 할 때는 이동속도를 지정하여 이동할 수 있다.

부대의 이동속도 계산은 해당 부대가 보유하고 있는 전투 및 비전투 장비, 인원, 도로의 형태, 지형속성에 의해 결정되지만 최대속도 또는 최저속도가 지정되어 있으면 이들에 의해 제한을 받게 된다.

부대 이동속도 계산은 그림 4.4와 같이 여러 단계로 구분하여 결정된다. 먼저, 각 이동부대가 보유한 운용 가능한 장비를 기준으로 한 1) 기본속도를 계산한 다음 각 모의상황에 따라 이동속도를 제한하는 2) 속도제한 요소를 반영하고 3) 시간지연 소요를 반영하여 최종적인 4) 실제 이동속도를 이동구간 또는 소구간 내에서 산출한다. 이 실제 속도를 근거로 최종적인 이동 소요시간을 결정하게 된다.

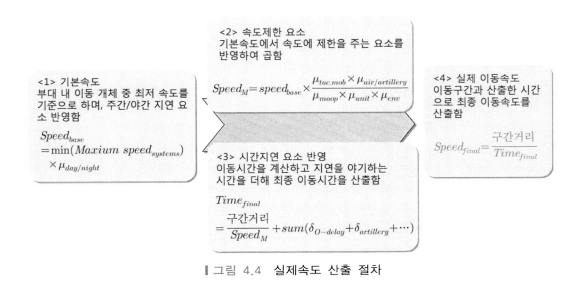

┃그림 4.4 실제속도 산출 절차

1) 기본속도

야지 및 도로이동을 수행하는 부대는 이동할 때 정상적인 조건하에서 이동할 수 있는 속도, 즉 부대별로 적용되는 기본 이동속도를 기준으로 실제 이동속도를 계산하고 부대의 이동시간을 판단한다. 기본 이동속도는 교통 혼잡이 없으며, 평탄한 지형에 있는 고속도로를 이동할 때의 속도를 기준으로 하는 최적조건하에서의 최대속도와 이동부대의 승하차 여부 및 교전 여부에 의해 결정된다.

$$Speed_{Base} = \min(Maxium\ speed_{systems}) \times \mu_{day/night} \tag{4.1}$$

가) 1단계 : 최적조건하에서의 최대속도 검토

기본 이동속도를 계산하기 위해 이동부대가 보유하고 있는 자원이 이동 간 발휘할 수 있는 능력을 나타내는 장비군별 속도를 적용한다. 따라서 부대가 보유한 자원(인원, 전투장비, 전투지원장비)들이 가진 속도등급에 따라 해당 자원의 최적조건하에서의 최대속도를 결정한다. 인원 및 장비가 혼합 편성된 부대의 이동의 경우, 속도가 가장 느린 자원의 속도가 기본속도로 적용된다. 예를 들어, 최대속도 60km/h인 전차와 최대속도 70km/h인 장갑차로 편성된 기계화 부대의 경우, 기본속도는 최대속도가 느린 전차를 기준으로 반영된다.

나) 2단계 : 승하차 여부 검토

이동부대가 승차 가능한지 여부를 판단한다. 만약 이동부대가 승차상태로 이동하게 되면 1단계에서 검토된 장비별 속도 중 기동장비의 최저속도를 기본 이동속도로 적용된다. 그러나 이동부대가 하차상태로 이동해야 하는 경우에는 도보부대의 이동속도를 기본 이동속도로 적용한다.

다) 3단계 주간 / 야간 지연계수 결정

이동하는 기동장비는 일반적으로 최대속도로 구동되지 않는다. 따라서 주야간에 따른 지연계수를 반영하게 되는데, 주간의 경우 0.8 그리고 야간의 경우 0.66이 사용된다. 이는 시뮬레이션 모델의 종류에 따른 다른 지연계수 값이 반영되기도 한다.

2) 속도제한 요소 반영

이동하는 부대의 속도를 제한시키는 요소를 반영하여 감속된 값을 계산한다. 이동 중인 부대는 적과 교전이 발생하게 되면, 적으로부터 직접 또는 간접사격을 받게 되고 이에 따라 기본속도보다는 감속된 속도로 이동한다. 또한 지상이동을 수행 중인 부대가 적용하고 있는 임무형 보호태세 단계에 따라 이동속도는 제한을 받는다.

$$Speed_M = speed_{base} \times \frac{\mu_{tac.mob} \times \mu_{air/artillery}}{\mu_{moop} \times \mu_{unit} \times \mu_{env}} \qquad (4.2)$$

▌표 4.1 속도제한 요소

명칭	내용
직접사격 $\mu_{tac.mob}$	없으면(1), 양호(0.7), 보통(0.5), 취약(0.3)
간접사격 $\mu_{air/artillery}$	있으면(0.6), 없으면(1)
임무형 보호태세 μ_{moop}	부대활동 저하율(1.1~1.5)
부대태세 및 전투 회피 μ_{unit}	부대태세(0.75~2.0), 전투회피 지정(1.5), 미지정(1.0)
이동환경 μ_{env}	지형, 도로, 오염상태, 기상, 경사도

부대태세는 부대의 상태를 나타내는 것으로 행정적 이동, 전술적 이동 그리고 공격, 강요에 의한 철수 등에 따라 부대의 지연속도가 다르게 적용된다. 표 4.2는 이동부대의 부대태세에 따른 지연계수를 나타낸다.

▌표 4.2 부대태세에 따른 지연계수

부대 태세	행정적 이동	전술적 이동	공격	강요 철수	무능력
μ_{unit}	1.0	1.5	1.0	0.75	2.0

이동환경에 의한 지연계수는 이동하고 있는 지역의 지형이나 도로형태 그리고 핵 및 화학오염 수준, 기상, 경사도 등이 이동속도에 영향을 미치는 것을 반영한 것이다.

3) 시간지연 요소 반영

시간지연 요소는 시간을 단위로 속도제한 요소를 반영한 모의 방법이다. 따라서 앞서 계산된 속도를 거리에 따른 시간으로 환산하고, 이 시간에서 지연시간을 추가하여 주어진 구간에 대한 최종적인 시간을 아래와 같이 산출한다.

$$Time_1 = \frac{구간거리}{Speed_M} \qquad (4.3)$$

$$Time_{final} = Time_1 + sum(\delta_{O-delay} + \delta_{artillery} + \delta_{congestion} + \cdots) \qquad (4.4)$$

시간지연 요소는 장애물에 의한 지연, 포병전개 및 이동준비를 위한 지연, 교통 혼잡에 의한 지연으로 반영할 수 있다.

▌표 4.3 시간지연 요소

명칭	내용
장애물지연 $\delta_{O-delay}$	공병 장애물, 도하, 폭파
포병전개/이동준비 $\delta_{artillery}$	박격포, 자주포 등
교통 혼잡지연 $\delta_{congestion}$	Max(선두제대 혼잡, 후속제대 혼잡)

이동부대가 장애물이 설치된 구간을 통과 시 이동이 지연되거나 정지될 수 있다. 이동 간 장애물 식별 및 지연시간 반영은 이동구간 상에 지뢰지대, 점장애물이 있으면 지연시간이 적용된다. 이동부대가 교량이 없는 중하천이나 대하천을 만나면 이동이 정지되며, 도하장비가 있는 경우 도하작전을 위한 지연시간이 반영된다. 이때 하천의 크기 및 교량의 종류와 능력에 따라 지연시간은 다르게 반영된다.

포병사격 임무를 수행 중이거나 마지막 포병사격 실시 후 이동 명령을 받은 경우 최초 이동을 시작하기 위해서는 전개된 포병화기들을 이동준비 하는 데 필요한 지연시간이 요구된다. 이러한 이동준비 지연시간은 최초 이동거리에만 반영된다. 포병 이동준비 시간은 부대가 보유한 포병화기 중 이동준비 시간이 가장 오래 걸리는 화기의 이동준비 소요시간을 포병부대 이동준비 소요시간으로 결정한다.

교통 혼잡은 이동하는 부대의 선두제대가 동일한 도로를 이용하고 있는 다른 부대의 혼잡유발에 따른 교통 혼잡과 혼잡발생 최소 차량 수보다 많은 차량을 보유한 부대가 이동 시 발생하는 교통 혼잡이 있다. 그러나 헌병부대의 교통통제소를 운용하면, 교통 혼잡지연 시간이 줄어들기도 한다.

4) 실제 이동속도

실제 이동속도는 이동구간과 산출한 이동시간으로 최종 이동속도를 계산할 수 있다.

$$Speed_{final} = \frac{구간거리}{Time_{final}} \tag{4.5}$$

이때 부대가 해당 구간을 이동할 때 걸리는 시간은 $Time_{final}$ 이다.

(5) 이동처리

이동 명령 입력 후 이동경로를 구성하고 이동속도와 이동시간을 산출한 후 이를 토대로 최종적인 이동이 완료되면 부대의 위치는 새롭게 갱신된다. 이때 차량화된 부대 또는 기동무기체계는 이동거리에 따라 유류 소모품 처리를 모의한다. 또한 지뢰지대 또는 화생방 오염지역 진입 시에 발생하게 되는 전투력 손실도 모의한다. 지뢰지대 통과 시 발생되는 손실은 사전에 지뢰지대를 탐지하지 못한 경우에 발생하며, 지뢰의 종류와 지뢰의 밀도, 노출정도에 따라 영향을 받는다. 화생방 오염의 경우 병력에만 영향을 미치고 치명적인 사상자와 비치명적인 사상자로 구분하여 피해를 평가한다.

4.1.3 지상이동모의 예제

▶ ▶ ▶ 예제 4.1

전차와 장갑차로 이루어진 기갑부대가 야간에 승차한 상태로 2.24km를 이동할 계획이다. 이동구간 내에 실제 기갑부대가 이동할 속도를 구하시오.

K1A1	K-200 장갑차	K-55 자주포	MOPP에 의한 부대활동 저하율	부대태세 (전술적 이동)	K-55 자주포 이동준비 시간
65km/h	70km/h	56km/h	1.1	1.5	3분

풀이 먼저, 기본속도를 아래와 같이 계산한다.

$$Speed_{Base} = \min(Maxium\ speed_{systems}) \times \mu_{day/night} \tag{4.6}$$
$$= \min(65,\ 70,\ 56) \times 0.66 = 36.96 (\text{km/h})$$

속도제한 요소의 경우, 부대태세와 화생방 오염에 따른 MOPP 적용으로 인한 부대활동 저하율을 반영한다.

$$Speed_{M1} = speed_{base} \times \frac{\mu_{tac.mob} \times \mu_{air/artillery}}{\mu_{moop} \times \mu_{unit} \times \mu_{env}} \tag{4.7}$$

$$= 36.96 \times \frac{1}{1.1 \times 1.5} = 22.4 (\text{km/h})$$

시간지연 요소를 반영하기 위해 앞서 구한 속도를 주어진 거리에 따른 시간으로 환산 후 시간지연 요소를 더한다.

$$Time_1 = \frac{구간}{Speed_M} = \frac{2.24}{22.4} = 0.1(\text{h}) \tag{4.8}$$

$$Time_{final} = Time_1 + sum(\delta_{O-delay} + \delta_{artillery} + \delta_{congestion} + \cdots) \tag{4.9}$$

$$= 0.1 + \frac{3}{60} = 0.15(\text{h})$$

실제 이동속도는 주어진 구간 거리와 최종시간을 가지고 산출한다.

$$Speed_{final} = \frac{구간}{Time_{final}} = \frac{2.24}{0.15} = 14.933(\text{km/h}) \tag{4.10}$$

▶▶▶ 예제 4.2

1개 보병소대(소대장 1명, K2 소총수 30명, K3 사수/부사수 6명)가 행군 훈련을 하고 있다. 09:00에 출발해서 7.2km 떨어진 A포인트에 도착하여 점심식사를 1시간 동안 취식 한후, 복귀하려고 한다. 현재 12:00에 호우가 예상되어 있다. 호우가 예보대로 온다고 할 때, 아래 표를 참조하여 도착시각을 계산하시오. (부대 태세 : 행정적 이동)

최대 이동속도	소대장 및 K-2 소총수	K-3 사수/부사수	이동 환경	맑음/흐림	비	눈
	4.4km//h	3.6km/h		1.0	1.2	2.0

풀이

먼저, 출발지점에서 A포인트까지의 이동속도와 도착시각을 아래와 같이 계산한다.

$$이동속도 = min(4.4,\ 3.6) \times 0.8(주간계수) = 2.88(\text{km/h}) \tag{4.11}$$

$$도착시각 = 9 + 7.2 / 2.88 = 11시30분 \tag{4.12}$$

이후 점심시간을 더해준다.

$$점심식사 종료 = 11시30분 + 1시간 = 12시30분 \tag{4.13}$$

마지막으로 점심식사 종료 후 A포인트에서 도착지점까지 이동속도와 도착시각을 아래와 같이 계산한다.

$$이동속도 = 2.88 \times 1.2 = 2.4(km/h) \tag{4.14}$$

$$도착시각 = 12.5 + 7.2 \ /2.4 = 15.5 = 15시30분 \tag{4.15}$$

4.2 탐지모의 논리

4.2.1 정의 및 구분

표적획득, 즉 탐지는 작전 지역 내 아군의 군사 활동에 영향을 주는 표적첩보 및 정보를 획득하는 것으로 효과적인 무기 운용이 가능하도록 충분한 식별 및 위치를 확인하는 절차이다.

탐지는 탐지수단이 발달함에 따라 육안관측 이외에도 각종 전자 장비와 표적탐지 레이더 장비의 활용을 포함한다. 이러한 탐지수단은 광학 및 열상탐지기로 구분하며 표적획득 무기체계의 탐지특성을 묘사하고, 각각의 탐지과정 모의를 통해 표적획득을 모델에 적용한다. 탐지 알고리즘은 미 육군의 CNVEO(Center for Night Vision and Electro-Optic devices)에서 개발한 탐지모델에 기초하며, 탐지모의는 표적이 발생 발산하는 물리적 특성 모델링 단계와 표적특성에 대한 탐지수단의 반응 모델링 단계로 구성된다. 탐지에 직접 영향을 미치는 기상자료는 가시거리와 빛의 밝기 수준이다. 가시거리는 광학 탐지기에 대한 수평선상의 최대 탐지능력으로서 어떠한 탐지기도 입력된 거리보다 먼 거리에 있는 표적을 획득할 수 없다. 빛의 밝기 수준은 광학 탐지기의 성능자료 작성 시 사용된다.

4.2.2 탐지모의 개념

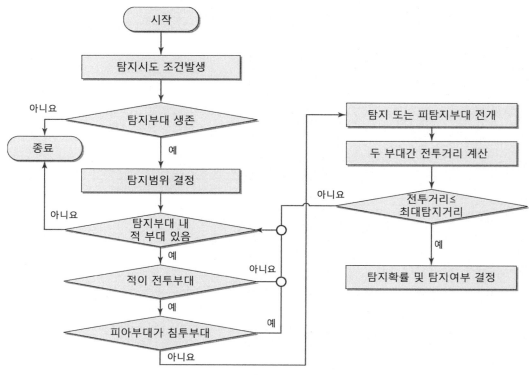

▌그림 4.5 탐지모의 논리 순서도

탐지는 이동부대가 이동을 완료하였을 시 또는 부대분리 또는 부대통합이 완료되었을 시에 발생한다. 이때 모의상 주어진 시간 동안 탐지시도 조건이 미발생 시에도 자동으로 탐지를 시도한다.

이때 탐지부대는 생존 상태에 있어야 하며, 탐지부대가 가지고 있는 탐지장비의 종류와 주간/야간 상황에 따라 대략적인 탐지범위를 결정한다. 만약, 적 부대가 탐지범위 내에 존재하게 되면 적 부대의 특성(전투부대, 비전투부대, 침투부대)을 파악하고 탐지부대 및 피탐지 부대를 전개한다. 부대를 전개하는 이유는 실제 부대의 크기와 이동형태를 고려하여 전개하는데 도로 이동 시에는 도로를 따라 종대로 전개하며 준비된 방어진지를 점령한 부대의 경우 부대 단대호를 중심으로 부대 크기에 따라 전개한다. 그림 4.6은 도로를 따라 이동 중인 보병 대대와 진지를 점령하고 있는 적 보병 중대를 전개한 그림이다. 전개 시 지형지물에 따라 탐지하는 정도는 차이가 있다.

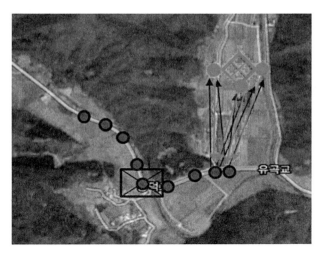

▌그림 4.6 탐지부대 및 피탐지부대 전개

다음은 지형지물을 고려하여 두 개의 부대 간 가시선을 비교 분석하여 탐지여부를 반영한다. 이때 두 부대 사이에 있는 지형데이터의 고도자료를 활용하여 각각의 부대에서 서로를 바라보는 기준각과 지표각을 산출하고 기준각보다 큰 지표각이 있는 경우 탐지가 불가하다. 그림 4.7처럼 보병 대대는 적 보병 중대를 바라볼 때 기준각보다 큰 세 개의 지표각이 존재하므로 탐지되지 않는다.

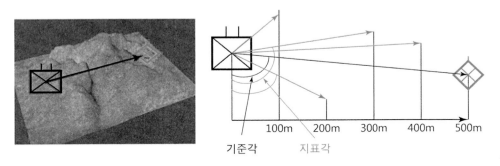

▌그림 4.7 탐지를 위한 가시선 분석

만약, 가시거리 내에 두 부대가 존재할 경우, 다음은 두 부대의 크기를 고려한 점령 반경을 설정하고 탐지거리를 반영하여 탐지 가능성을 판단한다.

그림 4.8에서 A부대는 탐지거리가 전투거리보다 길어 B부대를 탐지할 가능성이 있는 반면, B부대는 전투거리보다 탐지거리가 짧아 A부대를 탐지할 수 없다.

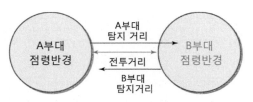

※ A부대는 전투거리 ≤ 탐지거리 이므로 B부대 탐지,
　B부대는 전투거리 > 탐지거리 이므로 A부대 미탐지
⇒ 최종 탐지여부는 탐지 확률값과 난수에 의해 결정

┃ 그림 4.8　탐지거리와 전투거리

　마지막으로 최종 탐지여부는 탐지 확률값과 난수에 의해 결정된다. 그림 4.9와 같이 난수값이 탐지 확률값보다 작을 경우 탐지가 되고, 난수값이 탐지 확률값보다 크면 탐지가 불가하다.

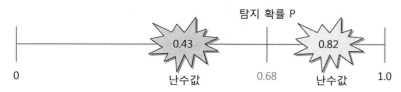

┃ 그림 4.9　탐지 확률과 난수값에 따른 탐지여부 판단

4.2.3 탐지 확률 산출 방법

CNVEO 탐지모델은 탐지센서가 얼마나 잘 동작하는가를 개략적으로 나타내기 위한 일종의 확률모델로서 표적을 횡단하는 식별 사이클 수를 고려하여 탐지기가 한번 스쳐 갔을 때 표적을 획득할 확률, 즉 탐지 확률을 계산한다.

　표적탐지 확률은 탐지기가 표적 최소노출 크기에 대한 식별 사이클 수와 표적 탐지기 시계(field of view) 내에 존재하는 시간에 근거해 계산된다. 따라서 이 모델은 예정된 표적 무기체계, 대기환경 그리고 탐색을 실시하는 탐지기와 관련된 입력자료를 필요로 한다.

(1) 식별 사이클 수(resolvable cycles)

관측자 또는 탐지기가 잠정표적을 구별할 수 있는 식별 사이클 수는 다음과 같이 정의된다. 선 표적의 측면을 따라서 동일한 폭을 가진 명암 막대 형판이 있을 때 그 명암의 대비(contrast)를 표적과 배경의 대비와 같다고 하자. 그리고 명암 막대를 표적의 최소

노출 크기에 수직으로 놓고 최소크기에 놓여 있는 막대의 수를 세면 명암 막대 쌍의 수가 관측자가 식별할 수 있는 사이클 수이다. 이렇게 식별된 사이클 수는 표적이 얼마나 잘 보일 수 있는가를 나타내는 단일 척도가 될 수 있다.

이해를 돕기 위해서 그림 4.10의 첫 번째 그림에서 수평선들이 그려진 상자를 바라보면 선을 쉽게 구분할 수 있다. 그러나 두 번째 그림에서 선의 간격이 좁아질수록 이들을 구별하는 것이 어려워짐을 알 수 있으며 세 번째 그림에서 선들이 더욱 많아질수록 센서는 더 이상 이러한 선들을 구분할 수 없게 된다.

모델에서는 센서의 감응능력(sensitivity)을 센서가 구별할 수 있는 검은 선들의 최소 간격으로 정의하며 이를 센서가 구별할 수 있는 최소 사이클 길이(minimum cycle length)라 한다.

▌그림 4.10 식별 사이클 개념

(2) 대비(contrast)

최소 사이클 길이는 표적과 배경의 대비에 따라 변한다. 즉, 표적과 배경 간의 대비가 작아질수록 센서가 구분할 수 있는 최소 사이클 길이는 커지고 센서가 구분할 수 있는 사이클 수는 줄어들게 된다.

광학 탐지기(optical sensor)의 경우 식별 사이클 수는 주변 환경에 의해서 영향을 받으며 표적과 배경의 대비는 표적징후(target signature)라고 하는 일종의 비율값으로 표현한다.

표적징후는 다음과 같은 수식에 의해서 계산된다.

$$표적징후(대비) = \frac{|표적밝기 - 배경밝기|}{배경밝기} \tag{4.16}$$

표적징후는 표적이 위치한 지점에서의 배경밝기와 표적밝기의 대비값이며 항상 0 이상의 값을 갖는다. 표적징후 값이 크다는 것은 표적과 배경의 대비가 분명하다는 것을 의미하고 그 값이 0이면 표적을 배경으로부터 전혀 구분할 수 없음을 의미한다.

표적징후는 대기를 통과해서 탐지기에 도착하기 때문에 탐지기와 표적 사이의 가시선을 따라 이동하면서 대기 및 태양조건과 연막구름에 의해 영향을 받는다. 이러한 전장환경의 영향으로 표적징후는 감소되며 이를 약화된(attenuated) 표적징후라고 한다. 탐지기에 도달한 약화된 표적징후는 다음과 같은 수식에 의거 계산된다.

$$\text{약화된 표적징후(대비)} = \text{표적징후} \times Aa \times As \tag{4.17}$$

Aa : 대기조건에 의한 감소, [0, 1]

As : 연막구름에 의한 감소, [0, 1]

위 수식에서 표적 이미지가 탐지기에 전달되는 과정에 대기조건의 영향은 대기상태와 태양의 위치와 각도에 따라 표적징후를 감소시키며 대기에 의한 감소효과(Aa)는 아래 수식으로 계산되고 0과 1 사이의 값을 갖게 된다.

$$Aa = \frac{1}{1 + SGR \times (e^{\alpha \times R} - 1)} \tag{4.18}$$

SGR(Sky-to-ground Ratio) : 기상자료의 하늘과 지상 명도 비율로 태양 각도와 태양/구름 간의 상호작용에 기인한 표적이미지 분산 척도이다(현재는 태양 각도 90°에 대한 수치 사용, 예 5.8).

α : km당 대기에 의한 소멸계수(기상 입력자료, 예 0.582)로 대기상태(공기밀도, 공기활동 등)에 의한 감소효과를 반영한다.

R : 관측자와 표적 간의 거리이다(km).

위 수식에서 알 수 있듯이 R, SGR 값이 커질수록 Aa값은 작아진다.

As는 탐지기와 표적사이의 연막구름에 의한 감소효과를 모델링한다. As값은 Aa값과 마찬가지로 0과 1 사이의 값을 갖되 연막구름이 두꺼울수록 작은 값을 갖고 얇을수록 큰 값을 갖는다. 이러한 값은 가시선 판단 시 연막구름의 영향을 고려할 때 계산된다.

(3) 탐지기 성능 척도(measure of sensor performance)

CNVEO 모델은 표적의 최소크기(minimum dimension)를 통과하는 사이클 수를 지정함으로써 표적의 크기와 표적까지의 거리관계를 묘사한다. 그러나 탐지기와 표적 간의 거리가 증가함에 따라 표적을 통과하는 사이클 수가 감소하기 때문에 이러한 특성을 모의하기 위해서 먼저 그림 4.11과 같이 단위 각도당 센서가 구별할 수 있는 사이클 수를 지정한다. 이때 단위 각도당 식별 사이클 수는 표적과의 거리에 관계없이 일정하게 된다.

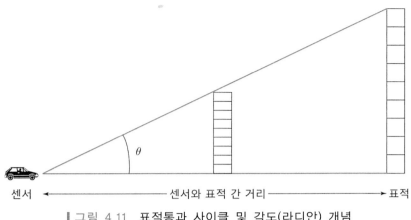

센서 ←——————— 센서와 표적 간 거리 ———————→ 표적

▌그림 4.11 표적통과 사이클 및 각도(라디안) 개념

1) 밀리라디안당 사이클 수

모델 내에서 탐지기의 감응능력은 특정 대비에서 밀리라디안당 탐지기가 구별할 수 있는 사이클 수로 정의하고 다음과 같은 수식으로 표현한다.

$$밀리라디안당 \ 식별 \ 사이클 \ 수 = \frac{사이클 \ 수}{밀리라디안} \qquad (4.19)$$

예를 들어, 탐지기의 감응능력을 의미하는 밀리라디안당 사이클 수가 1이고 표적을 통과하는 탐지기의 각도가 9밀리라디안인 경우, 해당 탐지기는 표적을 통과하는 9개의 사이클을 구별할 수 있다.

그림 4.12에서 보여주는 것과 같이, 실제 현실 상황에서 표적이 탐지기로부터 멀어질수록 표적이 작게 보이듯이 본 모델에서도 표적에 대한 탐지기의 각도가 줄어들고 따라서 표적을 통과하는 사이클 수도 줄어들게 된다.

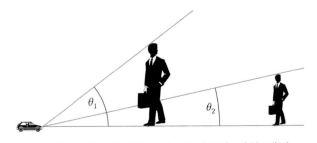

▌그림 4.12 거리에 의한 표적크기 변화 개념

모의 간에는 탐지기 종류별로 표적과 배경의 대비에 따라 밀리라디안당 사이클 수를 구하여 탐지확률 계산에 적용한다. 이러한 밀리라디안당 식별 사이클 수는 탐지기 성능 척도의 기본 자료이고 경험 및 실험에 의해서 산출되어 탐지기 성능 데이터베이스에 입력된다.

표 4.4는 광학 탐지기(번호: 01)에 대하여 광학 대비별 밀리라디안당 사이클 수의 입력자료를 예시한 것이다. 각 탐지기는 20개의 대비와 사이클 쌍을 가지며 대비값은 0.02에서 1 사이에 분포되어 있다. 따라서 0.02보다 작은 대비를 가지는 표적 징후는 식별할 수 없다.

▌표 4.4 광학 대비별 밀리라디안당 사이클 수(예문)

광학 대비 대 밀리라디안당 사이클 수

광학 탐지기 번호: 01

빛의 밝기 수준: 1000 Ft. Lamberts

쌍	사이클 수	대비
1	.000	.020
2	.239	.021
⋮		
20	2.299	1.00

2) 표적각도

표적각도 1밀리라디안이란 표적크기가 1m이고 표적과의 거리가 1000m인 경우를 의미하므로 표적과의 거리가 주어졌을 때 표적의 최소크기에 대한 각도(밀리라디안)는 다음과 같은 식으로 근사값을 계산하여 사용한다.

$$\theta = \frac{\text{표적의 최소크기(m)}}{\text{표적거리(km)}} \tag{4.20}$$

위 수식에서 표적의 최소크기는 미터 단위, 표적과의 거리는 킬로미터 단위를 사용하는 것에 유의해야 하며 표적의 최소크기는 다음과 같은 수식으로부터 계산된다.

$$\text{표적 최소크기} = \text{표적의 최소 탐지크기} \times f1 \times f2 \tag{4.21}$$

위에서 먼저 표적의 최소 탐지크기는 표 4.5와 같이 무기체계를 정의할 때 무기특성자료로써 입력된 길이, 폭, 높이의 3가지 제원 중에서 가장 작은 것을 사용하고, 표적의 노출/이동 여부와 지형지물에 의한 탐지기의 탐지능력 저하를 반영하기 위해서 다음과 같은 인수를 적용한다.

▌표 4.5 무기체계의 탐지크기 특성 입력자료(예문)

무기체계 번호	무기체계 명칭	탐지크기(m)		
		길이	폭	높이
1	M106A1	5.00	2.50	2.50
2	M125A1	4.00	2.00	2.00
3	122mmMT	2.00	1.00	2.00
4				

$f1$은 표적의 상태(노출/이동)의 영향을 반영하기 위한 인수로서 완전차폐상태의 표적은 1/40, 부분차폐상태의 표적은 1/3, 노출상태의 표적은 1, 이동 중인 표적은 증가된 표적징후를 고려하여 1.5의 값을 갖는다.

$f2$는 탐지기와 표적 사이에 있는 지형지물에 의한 관측능력 저하를 반영하기 위한 인수로써 가시선 논리의 감소인수를 적용한다.

$$f2 = e^{-g \times d} \tag{4.22}$$

   g : 지형자료의 해상도 즉, 격자크기(km)

   d : 관측자와 표적 사이에 있는 지형지물의 밀도로 가시선 1km당 상대적 수치

3) 표적 통과 식별 사이클 수

표적각도와 밀리라디안당 탐지기가 식별할 수 있는 사이클 수가 주어지면 표적을 통과하는 식별 사이클 수(N)는 다음과 같이 계산된다.

$$N = 표적각도 \times 밀리라디안당 \ 사이클 \ 수$$
$$= \delta \times \frac{\text{cycles}}{\text{miliradian}} \tag{4.23}$$

여기서 계산된 N값은 특정 표적에 대한 탐지기의 식별 사이클 수를 의미하며 이 값이 커질수록 표적을 탐지할 확률이 높아진다. 그림 4.13은 동일한 거리의 동일한 표적을 탐지 성능이 서로 다른 탐지기를 가지고 탐지했을 때 식별 사이클의 차이로 탐지기의 성능차이를 묘사할 수 있음을 보여준다.

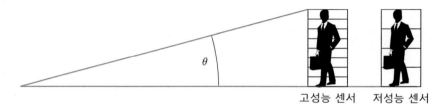

┃그림 4.13 탐지기 성능에 따른 사이클 변화

(4) 표적 탐지확률 결정

표적 탐지확률은 해당 표적을 통과하는 사이클 수의 함수이다. 소부대 모델에서는 실험결과에 의하여 무한시간 동안 탐지기의 시계(FOV) 안에서 결국 표적을 탐지할 확률을 다음과 같은 수식으로 표현한다.

$$P_\infty = \frac{N^{2.7 + 0.7N}}{1 + N^{2.7 + 0.7N}} \tag{4.24}$$

N : 표적 통과 사이클 수

P_∞값을 결정한 후, 해당 표적이 탐지될 가능성이 있는지를 결정하기 위해서 균등분포 (0, 1)로부터 난수를 발생시켜 P_∞와 비교한다. 여기서 난수값이 P_∞보다 작으면 표적을 탐지할 가능성이 있다고 판단하고 탐지기 유닛의 잠재 표적목록에 올려놓는다. 난수값이 P_∞보다 크면 이 표적은 발견될 가능성이 전혀 없는 것으로 보고 탐지대상에서 제외시킨다.

이러한 잠재 표적목록 갱신은 가시선 판단과 함께 보통 6초 간격으로 실시되며 이미 이전 표적획득 주기에서 탐지된 표적은 가시선 차단 여부만 결정한다. 이때 가시선이 존재하면 해당 표적은 잠재 표적목록에 그대로 유지되고 가시선이 차단되면 잠재 표적목록에서 제거시킨다.

(5) 표적 탐지 및 획득

CNVEO 모델은 무한시간 동안에 언젠가는 결국 탐지될 가능성이 있는 잠재 표적목록상의 표적에 대해 t시간 안에 표적이 탐지될 확률을 계산하기 위해서 지수분포를 적용한다. 이때 지수분포의 탐지율(λ)은 평균 탐지시간의 역수(1/T)로써 또는 표적 통과 사이클 수(N)에 비례하며 단지 표적을 발견하는 수준의 탐지에 적용할 경우, 탐지율

(λ)은 N이 2보다 작거나 같을 때는 $P_\infty/3.4$, N이 2보다 클 때는 $N/6.8$을 추정치로 사용한다. 이러한 수치들은 실제 야전시험 결과에 기초한 근사값에 해당한다.

따라서 표적이 탐지기의 시계 안에서 t시간을 소모했을 때, 탐지기가 표적을 탐지할 확률은 다음과 같은 지수분포의 누적분포함수로 계산할 수 있다. 이러한 탐지확률은 표적이 탐지기의 시계 안에 있는 경우이므로 보다 일반적인 탐지확률을 계산하고 싶으면 아래 확률수식에 표적이 탐지기 시계 안에 존재할 확률을 곱해야 한다.

$$P_{\text{detect}}(t) = 1 - e^{-\lambda \times t} \tag{4.25}$$

$$\lambda = \begin{cases} \dfrac{P_\infty}{3.4}, & N \leq 2 \\ \dfrac{N}{6.8}, & N > 2 \end{cases}$$

표적의 탐지여부는 각 표적 탐지 주기마다 누적시간을 적용하여 탐지확률을 계산하고 균등분포 (0, 1)로부터 추출된 난수와 비교한다. 여기서 탐지확률이 난수보다 크면 해당 표적은 탐지된 상태가 되어 탐지기 유닛의 표적 획득목록에 올려지며, 작으면 표적대상에서 제외될 때까지 새로운 탐지확률 계산과 난수 비교를 계속한다.

4.2.4 표적 탐지 및 획득 예제

▶▶▶ 예제 4.3

아래와 같은 광학 탐지기(탐지기 # 1)를 활용하여 122mm 박격포를 탐지 확률을 계산하시오.

거리	이동 중인 122mm 박격포 크기 1m	Aa	As	$f1$ (이동 중)	$f2$
0.5km	대비값 0.35	0.073	0.822	1.5	0.951

풀이 먼저, 기상 및 연막에 의한 약화된 대비값을 산출한다.

약화된 대비값 = 대비 $\times Aa \times As = 0.35 \times 0.073 \times 0.822 = 0.021$

광학 대비 대 밀리라디안당 사이클 수를 참고하여 대비값을 통해 밀리라디안당 사이클 수 0.239를 얻을 수 있다.

식별된 표적 크기는 다음 계산을 통해 1.4임을 알 수 있다.

식별된 표적 크기(m) = 표적의 크기 $\times f1 \times f2 = 1 \times 1.5 \times 0.951 = 1.4$ (4.26)

표적 통과 식별 사이클 수는 0.669가 되고, 이에 따라 무한시간에 대한 탐지확률은 0.219이다.

$$N = \frac{식별\ 표적크기(m)}{표적거리(km)} \times 밀리라디언당\ 사이클\ 수 = \frac{1.4}{0.5} \times 0.239 = 0.669 \qquad (4.27)$$

$$P = \frac{N^{2.7+0.7N}}{1+N^{2.7+0.7N}} = \frac{0.669^{2.7+0.7\times0.669}}{1+0.669^{2.7+0.7\times0.669}} = 0.219 \qquad (4.28)$$

▶▶▶   예제 4.4

육군에서는 이번에 새로운 광학 탐지기를 도입하려고 한다. 새로운 광학탐지기 후보는 M 광학 탐지기, S광학 탐지기 두 종류이다. 각 광학탐지기의 광학 대비별 밀리라디안 당 사이클 수는 아래 표와 같이 주어져 있다.

쌍	밀리라디언당 사이클 수	대비 값		쌍	밀리라디언당 사이클 수	대비 값
1	0.000	0.020		1	0.000	0.020
2	0.239	0.021		2	0.22	0.05
3	0.405	0.1		3	0.43	0.13
4	0.615	0.2		4	0.67	0.26
5	0.826	0.3		5	0.91	0.32
6	1.039	0.4		6	1.21	0.48
7	1.251	0.5		7	1.22	0.52
8	1.489	0.6		8	1.48	0.61
9	1.688	0.7		9	1.83	0.79
10	1.891	0.8		10	2.23	0.84
11	2.016	0.9		11	2.61	0.91
12	2.299	1.00		12	3	1.00

M광학 탐지기의
광학 대비 별 밀리라디안 당 사이클 수   S광학 탐지기의
광학 대비 별 밀리라디안 당 사이클 수

육군에서는 두 가지 광학탐지기에 대한 성능을 비교해 보려고 한다. 아래와 같은 조건이 주어졌을 때, 800m 전방에서 이동 중인 122mmMT 무기체계를 탐지할 확률을 구하여 두 탐지기를 비교하시오. (식별 표적크기의 계산에는 표적의 최소 탐지크기를 사용하고, 소수는 소수점 3번째 자리까지 사용한다.)

SGR	α	연막 구름	지형지물로 인한 관측능력 저하 효과	고유 대비 값	122mmMT 무기체계의 탐지크기
1.1	0.9	없음	0.8	0.648	길이: 2m, 폭: 1m, 높이: 2m

풀이 무기체계의 식별 표적크기를 산출한다.

$$\text{식별 표적크기 산출} : \min(2,1,2) \times 1.5(\text{이동}) \times 0.8 = 1.2 \tag{4.29}$$

대기조건에 의한 감소와 연막구름에 의한 감소를 판단하여 약화된 대비 값을 산출한다.

$$Aa = \frac{1}{1 + 1.1 \times (e^{0.9 \times 0.8} - 1)} = 0.463 \tag{4.30}$$
$$As = 1$$

$$\text{약화된 대비 값} = 0.648 \times 0.463 \times 1 = 0.3 \tag{4.31}$$

약화된 대비 값이 0.3이므로 밀리라디안 당 사이클 수를 주어진 표에서 계산한다.

M탐지기 : 0.826,   S탐지기 : 0.83 (보간법 이용)

식별 표적크기, 거리, 밀리라디안 당 사이클 수를 이용하여 각 탐지기의 표적 통과 식별 사이클 수 N을 계산한다.

$$\text{M탐지기} : N_M = (1.2/0.8) \times 0.826 = 1.239 \tag{4.32}$$
$$\text{S탐지기} : N_S = (1.2/0.8) \times 0.83 = 1.245 \tag{4.33}$$

표적 통과 식별 사이클 수를 이용하여 각 탐지기의 탐지확률을 최종 계산하면 M 탐지기의 탐지확률은 0.682, S 탐지기의 탐지확률은 0.686이다.

$$P_M = \frac{N^{2.7 + 0.7N}}{1 + N^{2.7 + 0.7N}} = \frac{1.239^{2.7 + 0.7 \times 1.239}}{1 + 1.239^{2.7 + 0.7 \times 1.239}} = 0.682 \tag{4.34}$$

$$P_S = \frac{N^{2.7 + 0.7N}}{1 + N^{2.7 + 0.7N}} = \frac{1.245^{2.7 + 0.7 \times 1.245}}{1 + 1.245^{2.7 + 0.7 \times 1.245}} = 0.686 \tag{4.35}$$

따라서 S 탐지기가 M 탐지기보다 주어진 조건에서 성능이 더 좋은 것을 알 수 있다.

4.3 직접사격 모의 논리

직접사격은 화기 조작요원이 표적을 직접 보고 조준하여 사격하는 방법[1]을 말한다. 전투개체가 의도한 표적에 대해 무기를 직접 발사할 때 발생하며, 직사화기 무기체계와 표적 간의 교전상황을 모의한다. 소총수 간 교전이나 전차 간 교전 등이 하나의 예라고 할 수 있다.

이러한 직접사격은 전투에서 벌어지는 교전 중 가장 대표적이기 때문에 대부분의 시뮬레이션 모델에서 탐지된 표적 전투개체가 화기의 사거리 안에 있을 경우 자동으로 모의된다. 이 절에서는 직접사격 모의논리의 절차를 알아보고 확률적 모델링에 기초한 명중평가와 피해평가의 계산에 대해 중점적으로 다루어 볼 것이다. 그리고 모의 논리이기 때문에 발생하는 실제 상황과 다른 몇 가지 차이점에 대해서도 살펴볼 것이다.

4.3.1 직접사격 모의 절차

시뮬레이션 모델에 따라서 다르나, 일반적으로 직접사격은 그림 4.14 절차에 따라 모의한다.

(1) 사격 가능 조건 확인

전투개체가 표적을 획득했을 때, 직접사격 모의논리가 시작된다. 가장 먼저 초기 사격 요건을 고려하여 사격 가능여부를 판단한다. 사격이 가능한 조건은 다음과 같다.

- 사격 전투개체가 생존하고 화력을 상실하지 않은 상태
- 다른 전투개체에 탑승 중이거나 사격 중지 상황이 아닌 상태
- 탐지 전투개체 중 잠재표적 목록에 기록된 개체가 존재하는 상태
- 사격 가능한 탄약이 존재하는 상태

(2) 표적 선택

상기 조건 중 어느 하나라도 충족하지 못한 경우에는 사격을 수행할 수 없으므로 직접 사격 모의논리를 바로 종료하게 된다. 하지만 초기 사격 조건을 모두 충족할 경우 표적을 선정하고 사격하게 된다. 표적을 선정하는 조건은 다음과 같다.

---

1) 국방과학기술용어사전

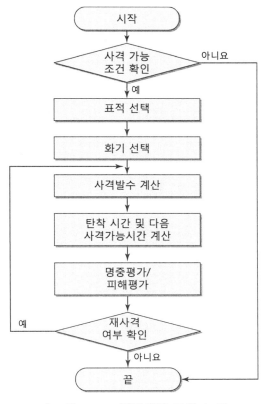

┃ 그림 4.14 직접사격 모의 논리

- 사격 전투개체의 잠재표적 목록에 존재하는 개체
- 살아있는 개체
- 사격 전투개체와 표적 사이의 가시선(line of sight)이 존재하는 상태
- 사격 전투개체의 사거리 안에 표적이 존재하는 상태
- 표적에 대응되는 사격 전투개체의 화기가 사격 가능한 상태

이때 선정 가능한 표적이 여러 개 존재하는 경우 발사 우선순위와 난수를 고려하여 표적을 선택하게 된다.

(3) 화기 선택

표적이 선정되고 나면 표적에 대응되는 화기를 선택한다. 각 무기체계에는 1개 이상의 화기가 존재하며, 하나의 표적에 대해 여러 개의 대응되는 화기가 존재할 수 있다. 이 경우 가용한 화기 중 사거리 기준에 따라 화기를 선택하게 된다. 예를 들어, K1 전차의 경우 주포와 12.7mm 중기관총, 7.62mm 경기관총의 3가지 화기가 존재한다. 표적이 소총수인 경우에 거리가 300m 이내인 상황에는 7.62mm 경기관총을, 300m 초과인 경우에는 12.7mm 중기관총을 대응하는 화기로 선택하게 된다. 물론 해당 화기가 가용하지 않을 경우 다음 우선순위에 있는 화기를 선택한다.

(4) 사격발수 계산

표적과 사격할 화기 선택이 완료되면 이어서 단발 혹은 연발 사격사건을 처리한다. 이 사격사건은 기 정의된 값에 따라 이루어지며 격발된 탄수를 계산하여 탄약 보유량을 최신화한다. 또한 탄알집 교체 등 재장전이 필요할 경우, 재장전 여부도 입력된다.

(5) 탄착 시간 및 다음 사격 가능시간 계산

탄의 속도와 표적과의 거리를 바탕으로 탄의 비행시간이 계산되며 사격 소요시간과 합하여 탄착시간을 계산한다. 특히 TOW와 같은 유선유도 무기체계 등 몇몇 무기체계는 탄의 탄착시점까지 이동이 불가하게 모의된다. 또한 탄착 시간과 함께 다음 사격 가능시간도 계산하게 되는데 초탄일 경우에는 반응시간을 고려한다. 이는 화기를 거치하는 시간과 조준하는 시간을 포함하는 개념이며 한번 조준을 마치고 동일한 표적에 대해 재사격을 수행할 경우에는 고려하지 않는다. 다만 탄알집을 교체하는 등의 재장전이 있을 경우에는 해당 시간과 함께 조준시간을 고려할 수 있다. 일반적으로 각각의 시간은 주어진 평균값을 이용하여 확률적으로 추출하여 사용한다.

(6) 명중평가 및 피해평가

탄이 발사되고 난 뒤, 실제 표적에 대한 명중여부와 피해여부를 판단한다. 이때 명중여부는 표적에 맞았는지를 모의하며, 도비탄이나 오조준에 의한 다른 전투개체의 피해는 고려하지 않는다. 또한 명중이 될 경우에만 피해평가를 결정하게 된다. 명중평가와 피해평가는 각 무기체계와 표적에 따라 주어진 명중확률 및 살상확률 값을 난수와 비교하여 판단한다. 자세한 내용은 다음 4.3.2절에서 다룰 것이다.

(7) 재사격 여부 확인

피해평가까지 완료된 이후, 재사격 여부를 판단한다. 이때 아래와 같은 상황이 발생할 경우 해당 표적에 대한 사격을 종료하고 다른 표적을 찾아 나선다.

- 표적이 살상되는 상황
- 발사개체가 살상되는 상황

- 가시선이나 사거리를 벗어나거나 완전차폐가 이루어지는 상황
- 발사개체에 우선순위를 갖는 다른 명령이 내려지는 상황
- 탄약이 완전 소모된 상황

위와 같은 상황이 발생하지 않으면 다시 해당 표적에 대한 재사격 알고리즘을 진행한다.

4.3.2 명중평가 및 피해평가

탄약효과의 유효성은 사격으로 인해 발생한 탄의 명중 여부와 명중되었을 시의 살상 여부를 계산하여 평가한다. 명중 및 피해평가의 과정은 다음과 같다.

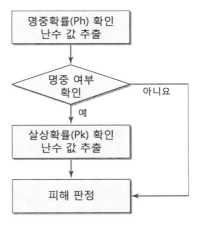

이러한 판단의 기준이 되는 명중확률(P_h) 값 및 살상확률(P_k) 값은 실제 전투 등을 통해 수집된 자료를 바탕으로 미리 입력된 표의 값을 사용한다. 대부분의 시뮬레이션 모델에서는 화기와 표적의 조합, 사격 무기체계와 표적의 상태, 사거리에 따라 서로 다른 값이 주어져 있다.

▌표 4.6 [공대지 미사일 → 전차] 상황에 적용하는 명중확률 데이터(P_h table)

사거리 (m)	SS DF	SS DH	SS EF	SS EH	SM DF	SM DH	SM EF	SM EH	MS DF	MS DH	MS EF	MS EH	MM DF	MM DH	MM EF	MM EH
0	0.99	0.99	0.99	0.99	0.99	0.99	0.99	0.99	0.792	0.792	0.792	0.792	0.792	0.792	0.792	0.792
1400	0.38	0.38	0.99	0.99	0.38	0.38	0.99	0.99	0.304	0.304	0.792	0.792	0.304	0.304	0.792	0.792
3500	0.19	0.19	0.75	0.75	0.19	0.19	0.75	0.75	0.152	0.152	0.6	0.6	0.152	0.152	0.6	0.6
5600	0	0	0.59	0.59	0	0	0.59	0.59	0	0	0	0	0	0	0	0
7000	0	0	0.59	0.59	0	0	0.59	0.59	0	0	0	0	0	0	0	0

표 4.6은 공대지 미사일이 전차에 대해 공격했을 때 적용되는 명중확률 표이다. 확률은 0과 1사이의 값으로 주어지며 사격 무기체계와 표적의 상태에 따라 16가지의 서로 다른 상황이 주어진다. 또한 각각의 상황에서 사거리에 따라 명중률이 변화하는 것을 볼 수 있다.

각각의 상태를 나타내는 알파벳의 의미는 순서대로 다음과 같다.

- 사격 전투개체의 상태 : 정지(S : stationary), 이동(M : moving)
- 표적의 상태 : 정지(S : stationary), 이동(M : moving)
- 표적의 노출여부 : 노출(E : fully exposed), 차폐(D : hull defilade)
- 표적의 노출방향 : 측면(F : flank), 전면(H : head on)

모든 상태는 서로 독립이므로 총 16가지의 경우가 존재한다. 예를 들어, SSDF는 사격자와 표적이 모두 정지(S)해 있고, 표적은 차폐(D)되어 있으며 사격자가 표적을 바라봤을 때 측면(F)이 보인다는 것을 의미한다.

사거리는 m 단위로 0, 1400, 3500, 5600, 7000만 주어져 있다. 일반적으로 표현되지 않은 사거리에 대해서는 선형보간법을 통해 계산하여 적용한다.

명중확률 표를 통해 명중확률 값이 주어지고 난수값과 비교하여 명중여부를 판별한다. 0과 1 사이의 임의의 난수값을 추출하여 명중확률보다 작으면 명중한 것이고, 크면 명중하지 못한 것이다. 만약 명중하지 못하였다면 해당 사격에서는 피해를 입히지 못하였으므로 무피해로 처리한다.

반대로 명중하였다면 바로 살상확률(P_k)을 확인하여 살상여부를 판단해야 한다.

▌표 4.7 [공대지 미사일 → 전차] 상황에 적용하는 살상확률 데이터(P_k table)

사거리 (m)	MOB-DF	MOB-DH	MOB-EF	MOB-EH	FRP-DF	FRP-DH	FRP-EF	FRP-EH	M/-DF	M/-DH	M/-EF	M/-EH	KK-DF	KK-DH	KK-EF	KK-EH
0	1.00	0.90	1.00	0.90	0.80	0.90	0.80	0.90	1.00	1.00	1.00	1.00	0.80	0.80	0.80	0.80
2500	0.80	0.72	0.80	0.72	0.64	0.72	0.64	0.72	0.80	0.80	0.80	0.80	0.64	0.64	0.64	0.64
3000	0.16	0.14	0.16	0.14	0.12	0.14	0.12	0.14	0.16	0.16	0.16	0.16	0.12	0.12	0.12	0.12
3500	0.08	0.07	0.08	0.07	0.06	0.07	0.06	0.07	0.08	0.08	0.08	0.08	0.06	0.06	0.06	0.06
3850	0.00	0.00	0.00	0.00	0.00	0.00	0.00	0.00	0.00	0.00	0.00	0.00	0.00	0.00	0.00	0.00

표 4.7은 공대지 미사일이 전차에 대해 공격했을 때 적용되는 살상확률 표이다. 확률은 0과 1사이의 값으로 주어지며 살상 유형과 표적의 노출 상태에 따라 16가지의 서로 다른 상황이 주어진다. 또한 각각의 상황에서 사거리에 따라 살상확률이 변화하는

것을 볼 수 있다.

각각의 상태를 나타내는 알파벳의 의미는 순서대로 다음과 같다.

- 살상유형 : 기동력 상실(MOB : mobility kill), 화력 상실(FRP : firepower kill),
  완파(KK : catastrophic kill), 피해가 발생할 확률(M/ : merge all)
- 표적의 노출여부 : 노출(E : fully exposed), 차폐(D : hull defilade)
- 표적의 노출방향 : 측면(F : flank), 전면(H : head on)

표적의 노출여부와 노출방향은 서로 독립이지만, 살상유형은 서로 독립이 아니다. 실제 표적이 입는 살상 유형은 아래 4가지의 상황으로 분류된다.

- 기동력만 상실(M-kill only)
- 화력만 상실(F-kill only)
- 수리가 가능한 기동력과 화력 상실(M-kill & F-kill)
- 수리가 불가능한 기동력과 화력 상실, 완파(KK)

따라서 세분화된 유형에 대한 확률을 구하기 위해 살상확률 표에서 제시한 MOB, FRP, KK, M/의 확률 값을 적절히 계산하여 이 4가지 피해유형에 대한 확률값을 도출해야 한다. 그림 4.15에서 살상확률 표에서 얻어진 값과 실제 살상유형 간의 관계를 벤다이어그램과 막대그래프로 표현하였다.

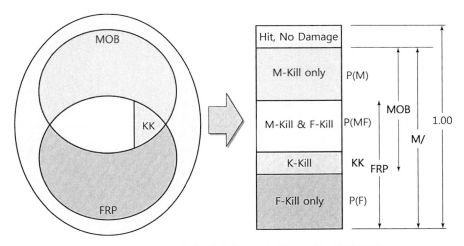

┃그림 4.15 표적이 피해유형 평가를 위한 확률 변환

먼저 위쪽의 벤다이어그램을 살펴보면 피해가 발생할 확률인 M/은 집합관계에서 색으로 표현된 모든 영역에 대한 확률이다. MOB는 붉은색 원이 나타내는 영역의 확률이며, FRP는 진회색 원이 나타내는 영역의 확률이다. 마지막으로 KK는 MOB와 FRP가 만나는 영역 중에서도 일부분에 해당된다(기동력과 화력이 모두 상실되더라도 수리가능여부에 따라 피해유형이 달라진다). 이를 막대그래프로 변환하여 다시 표현하면 우측과 같게 된다. 하지만 앞서 설명한대로 이는 확률이 중첩되어 있는 상황이기 때문에 실제 표적이 입는 피해유형대로 세분화하여 아래쪽 벤다이어그램과 막대그래프로처럼 표현할 수 있다. 즉, 살상확률 표에 주어진 유형을 세분화하여 독립적인 확률값으로 표현함으로써 피해유형 평가를 수월하게 할 수 있는 것이다. MOB의 확률을 M-kill만 일어날 확률 P(M), M-kill과 F-kill 모두 발생하고 수리가 불가할 확률, 즉 완파할 확률 P(KK), M-kill과 F-kill이 모두 일어나지만 수리가 가능한 확률 P(MF)로 세분화할 수 있다. 마찬가지로 FRP역시 F-kill만 일어날 확률 P(F)와 P(MF), P(KK)로 세분화할 수 있으며 이때, P(MF)값과 P(KK)값은 MOB와 FRP 중 어느 한쪽에서만 구하면 된다. 결국 살상확률 표에서 제시하는 4가지 확률값(MOB, FRP, KK, M/)은 아래의 산술적 관계에 따라 독립된 확률값을 가지는 4가지 피해유형(M-kill only, F-kill only, M-kill & F-kill, K-kill)으로 변환할 수 있다.

$$P(M) = M/ - FRP$$
$$P(MF) = MOB + FRP - M/ - KK$$
$$P(F) = M/ - MOB$$
$$M/ = P(M) + P(MF) + P(F) + KK$$
$$피해를 입지 않을 확률 = 1 - M/$$

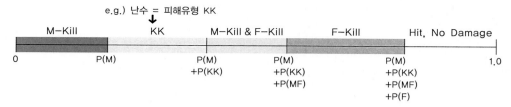

┃그림 4.16 피해유형별 구간의 경계값을 도출

$$0.0 < RN <= P(M) : \text{M-Kill only}$$
$$P(M) < RN <= P(M) + P(F) : \text{F-Kill only}$$
$$P(M) + P(F) < RN <= P(M) + P(F) + P(MF) : \text{F-Kill \& M-Kill}$$
$$P(M) + P(F) + P(MF) < RN <= P(M) + P(F) + P(MF) + KK : \text{K-Kill}$$
$$P(M) + P(F) + P(MF) + KK < RN <= 1.0 : \text{No Damage(무피해)}$$

즉, 표적이 명중된 경우 살상확률 표에 주어진 4가지 확률값(MOB, FRP, KK, M/)을 통해 위와 같이 4가지 피해유형(M-kill only, F-kill only, M-kill & F-kill, K-kill)의 확률값을 얻게 된다. 각 확률값은 독립적이기 때문에 그림 4.16과 같이 유형별 구간의 경계값을 도출하여 발생시킨 난수가 어느 범위에 속하는지를 판단함으로써 피해유형을 산출하게 된다.

그림 4.16과 같이 구성하여도 무방하고, 각 확률이 차지하는 구간순서를 편의에 따라 변경하여도 문제는 없다. 다만 주의해야 할 것은 경계값이 어느 피해유형에 포함되는지와 동일한 국방 시뮬레이션 모델 상에서는 동일한 난수 값에 대해 동일한 판정을 수행하여야 하므로 구간의 구성 순서가 동일해야 한다는 것이다.

해당 계산이 끝나면 피해유형을 산출하고 다음 단계로 넘어가게 된다. 이때 유의해야 할 점은 정확히 명중했음에도 불구하고 아무런 피해를 입지 않을 확률이 존재할 수 있다는 것이다. 따라서 국방 시뮬레이션 사용자는 발생할 수 있는 여러 상황을 이해하고 대응할 수 있어야 한다.

4.3.3 직접사격 모의논리의 한계

직접사격 모의논리는 실제 전장에서 가장 많이 발생하는 직접사격에 대한 모의이다. 그렇기에 자동으로 교전하고 해당 피해평가에 대해서도 상세히 설계되어 있다. 하지만 실제 환경에서 발생할 수 있는 몇몇 상황에 대해서는 반영하지 못하기 때문에 현실과 약간의 차이가 존재할 수 있다. 예를 들어 조준하지 않은 전투개체에 대해서는 사격이 되지 않는데, 이런 경우 지향사격의 모의가 제한될 수 있다. 또한 화기와 표적에 대한 정보가 입력되지 않은 경우 살상이 일어나지 않게 되어 현실과 다른 결과가 발생할 수 있다.

4.3.4 직접사격 모의논리 예제

▶▶▶   예제 4.5

다음은 A대전차무기의 적 전차에 대한 살상확률 데이터이다. 아래 물음에 답하시오.

| MOB : 0.8 | FRP : 0.7 | KK : 0.1 | M/ : 0.9 |

(1) 기동력 상실만 발생하는 경우, 화력 상실만 발생하는 경우, 두 기능 모두 상실되는 경우, 완파되는 경우, 그리고 아무런 피해도 발생하지 않는 경우에 대한 각 확률을 구하시오.

(2) 피해결과 산출을 위해 발생시킨 난수가 0.6이라면, 도출되는 피해유형은 무엇인가?

풀이 (1) 기동력 상실만 발생할 확률 $P(M) = M/-FRP = 0.9 - 0.7 = 0.2$
화력 상실만 발생할 확률 $P(F) = M/-MOB = 0.9 - 0.8 = 0.1$
기동력 상실과 화력 상실 모두 발생할 확률
$$P(MF) = MOB + FRP - M/ - KK = 0.8 + 0.7 - 0.9 - 0.1 = 0.5$$
완파될 확률 $KK = 0.1$
피해를 입지 않을 확률 $= 1 - M/ = 0.1$

(2) $0.0 < RN <= P(M) = 0.2$: M-Kill only
$P(M) = 0.2 < RN <= P(M) + P(F) = 0.3$: F-Kill only
$P(M) + P(F) = 0.3 < RN <= P(M) + P(F) + P(MF) = 0.8$: F-Kill & M-Kill
$P(M) + P(F) + P(MF) = 0.8 < RN <= P(M) + P(F) + P(MF) + KK = 0.9$: K-Kill
$P(M) + P(F) + P(MF) + KK = 0.9 < RN <= 1.0$: No Damage
$0.3 < RN = 0.6 <= 0.8$이므로
기동력과 화력 모두 상실한 상태(단, 수리가능)를 도출한다.

M-Kill only	F-Kill only	M-Kill & F-Kill	K-Kill	No Damage
0 0.2	0.3		0.8 0.9	1.0

▶▶▶ 예제 4.6

다음은 OO대전차무기가 T-XX 전차를 대상으로 직접 사격할 때, 적용되는 살상률 표이다.

사거리 (m)	MOB-DF	MOB-DH	MOB-EF	MOB-EH	FRP-DF	FRP-DH	FRP-EF	FRP-EH	M/-DF	M/-DH	M/-EF	M/-EH	KK-DF	KK-DH	KK-EF	KK-EH
0	1.00	0.90	1.00	0.90	0.80	0.90	0.80	0.90	1.00	1.00	1.00	1.00	0.80	0.80	0.80	0.80
2500	0.80	0.72	0.80	00.72	0.64	0.72	0.64	0.72	0.80	0.80	0.80	0.80	0.60	0.60	0.60	0.60
3000	0.16	0.14	0.16	0.14	0.12	0.14	0.12	0.14	0.16	0.16	0.16	0.16	0.12	0.12	0.12	0.12
3500	0.08	0.07	0.08	0.07	0.06	0.07	0.06	0.07	0.08	0.08	0.08	0.08	0.06	0.06	0.06	0.06
3850	0.00	0.00	0.00	0.00	0.00	0.00	0.00	0.00	0.00	0.00	0.00	0.00	0.00	0.00	0.00	0.00

(1) 대전차무기와 전차 간의 거리가 3km이고, T-XX 전차가 차폐된 상태로 정면을 보이고 있을 때, 아래 물음에 답하시오.

- • T-XX전차의 기동력 상실만 발생할 확률은 얼마인가?
- • T-XX전차의 화력 상실만 발생할 확률은 얼마인가?
- • T-XX전차의 기동력과 화력 상실 모두 발생하지만 수리가 가능한 상태일 확률은 얼마인가?
- • T-XX전차가 완파될 확률은 얼마인가?
- • T-XX전차에 피해가 발생하지 않을 확률은 얼마인가?

(2) (1)에서 얻은 결과를 바탕으로, 우리가 발생시킨 난수가 0.13일 때 피해유형을 도출하시오.

M-Kill only	F-Kill only	M-kill & F-Kill	K-Kill	No Damage

▶ ▶ ▶   예제 4.7

귀관은 K-XX 전차장으로서 책임구역 내 적 예상침투로에서 방어작전을 실시 중이다. 적 전차 T-XX는 도로를 따라 남하할 것으로 예상된다.

(1) 명중확률표를 참고하여 이동하는 적 전차를 효과적으로 명중시킬 수 있는 위치를 선정하고, 그 이유를 설명하시오.(표적과 공격자의 거리는 1,000m이며, K-XX는 은폐 중으로 움직이지 않고 사격할 것이다. 또한 적 전차는 바위 극복을 위해 멈출 것이다).

사거리 (m)	SSDF	SSDH	SSEF	SSEH	SMDF	SMDH	SMEF	SMEH	MSDF	MSDH	MSEF	MSEH	MMDF	MMDH	MMEF	MMEH
0	0.360	0.320	0.620	0.580	0.260	0.220	0.310	0.290	0.096	0.08	0.186	0.170	0.048	0.030	0.082	0.071
500	0.180	0.172	0.380	0.362	0.090	0.072	0.190	0.172	0.084	0.074	0.114	0.102	0.027	0.018	0.067	0.051
1000	0.100	0.092	0.160	0.152	0.053	0.043	0.080	0.067	0.030	0.025	0.042	0.034	0.015	0.013	0.024	0.018
1500	0.080	0.072	0.130	0.122	0.040	0.031	0.065	0.058	0.024	0.020	0.039	0.031	0.012	0.010	0.019	0.017
2000	0.020	0.015	0.030	0.025	0.010	0.008	0.015	0.012	0.007	0.006	0.009	0.007	0.003	0.002	0.005	0.004

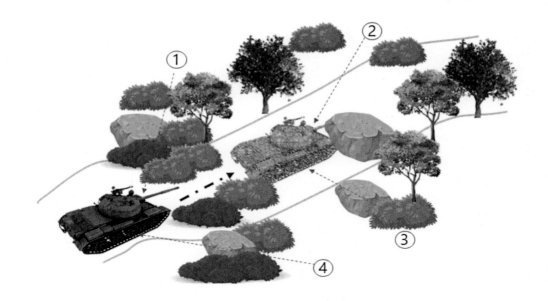

(2) (1)에서 얻은 결과를 바탕으로, 사격에 명중했을 때 살상확률표를 참고하여 상황평
가를 실시하시오. 난수값은 0.14이고 구간순서는 아래의 표와 같다.

사거리 (m)	MOB-DF	MOB-DH	MOB-EF	MOB-EH	FRP-DF	FRP-DH	FRP-EF	FRP-EH	M/-DF	M/-DH	M/-EF	M/-EH	KK-DF	KK-DH	KK-EF	KK-EH
0	0.950	0.900	0.980	0.960	0.840	0.820	0.920	0.900	0.975	0.970	0.990	0.980	0.750	0.700	0.850	0.800
500	0.800	0.720	0.870	0.820	0.650	0.600	0.720	0.700	0.890	0.850	0.950	0.910	0.200	0.190	0.250	0.220
1000	0.160	0.140	0.175	0.165	0.130	0.120	0.160	0.155	0.190	0.180	0.205	0.195	0.100	0.090	0.125	0.120
1500	0.080	0.075	0.090	0.085	0.075	0.070	0.085	0.080	0.100	0.095	0.130	0.110	0.045	0.050	0.065	0.060
2000	0.005	0.003	0.015	0.010	0.005	0.003	0.010	0.008	0.014	0.012	0.030	0.020	0.002	0.001	0.005	0.004

M-Kill only	F-Kill only	M-Kill & F-Kill	K-Kill	No Damage

4.4 간접사격 모의 논리

간접사격은 화포를 사격하는 방법으로서 표적을 직접 조준하지 않고 실시하는 사격 혹
은 포진지 또는 포반에서 볼 수 없는 표적에 대하여 실시하는 사격[2]을 의미한다. 시뮬
레이션 모델에서의 간접사격은 포병과 박격포를 포함하며 ICM(Improved Conventional

---

2) 국방과학기술용어사전

Munition, 개량고폭탄) 및 HE(High Explosive, 고폭탄), 연막, 화학연막, 스마트탄, PGM(Precision Guided Missile, 정밀유도탄), 지뢰살포탄 등의 모의가 가능하다. 시뮬레이션 수행 중 간접사격의 피해 평가는 현실과 같이 피아구분 없이 이루어지며, 고정익 항공기의 폭탄투하 및 보병의 수류탄 투척 등도 모의가 가능하다.

4.4.1 간접사격 모의 절차

일반적인 시뮬레이션 모델에서의 간접사격 모의 절차는 다음과 같다.

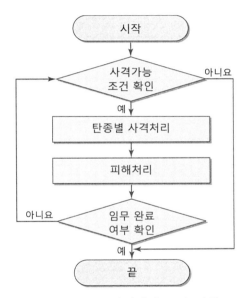

▎그림 4.17 간접사격 모의 절차

　실제 상황에서 간접사격 임무는 전방 관측자 및 사격지휘소에서 사격부대 규모와 포탄종류, 발사탄수 등의 임무를 사격부대에 부여하여 실시된다. 이러한 상황은 각 시뮬레이션 모델에 따라 다양한 방법으로 모의될 수 있다. 일반적으로는 프로세스를 간소화하고 사용자가 지휘통제 임무를 수행하는 것으로 모의된다.

(1) 사격 임무 부여

간접사격 모의논리의 시작은 사용자가 포병 부대 등에 임무를 부여하면서 시작된다. 이때 사용자가 부여하는 임무는 다음과 같은 내용이 포함된다.

- 언제 사격할 것인지에 대한 시간정보
- 탄종 및 사격 횟수
- 사향속 설정 및 조준 좌표

사격 임무는 여러 임무를 부여할 수 있으며 우선순위를 부여할 수 있다. 이는 시작 시간을 설정하면서 조정하면 된다.

	명령No	명령유형	수행시간	좌표
	50	간접사격	[00]00:00:58	52SCG40911
	51	간접사격	[00]00:00:58	52SCG35966
□	47	간접사격	[00]00:05:00	52SCG47669
□	48	간접사격	[00]00:10:00	52SCG44394
□	49	간접사격	[00]00:15:00	52SCG44534

┃ 그림 4.18   작전명령서 목록

예를 들어, 그림 4.18에서 알 수 있듯이 명령 No가 50, 51번에 해당하는 간접사격은 47, 48, 49번에 해당하는 간접사격 임무에 비해 늦게 입력이 되었지만 우선사격으로 추가되어 즉시 사격처리가 이루어진다.

(2) 사격 가능 조건 확인

사용자가 전투개체에게 사격임무를 부여하였을 때, 사격가능 조건을 확인한다. 사격이 가능한 조건은 다음과 같다.

- 적합한 탄 보유
- 정지한 상태
- 제압당하지 않은 상태
- 부대 편성 등 타 우선 임무를 수행하고 있지 않은 상태
- 전투개체의 최소 사거리와 최대 사거리 안에 표적이 존재하는 상태

이때는 사격 전투개체가 표적에 적합하도록 지정한 유형의 탄을 보유하고 있어야 하

며, 계속된 사격으로 탄을 모두 소모하는 경우 보유탄이 없는 것으로 간주한다. 각 무기체계별 초기 탄 할당량은 그림 4.19와 같이 무기체계 특성 데이터에서 확인 가능하다.

초기 할당량

무기체계 ID	무기체계명	HE	HC	CH	IC	G1	G2	FM	WP	BS	FL	RP	Smart
12201	M48 전차(M48A5K)	5	0	0	0	0	0	0	0	0	0	0	0
12202	K1 전차	5	0	0	0	0	0	0	0	0	0	0	0
12203	K1A1 전차	5	0	0	0	0	0	0	0	0	0	0	0
12205	M48 전차(M48A3)	5	0	0	0	0	0	0	0	0	0	0	0
12207	K2 전차	0	0	0	0	0	0	0	0	0	0	0	0
12208	T-80U 전차	5	0	0	0	0	0	0	2	0	0	0	0
14101	60미리 박격포(KM181)	60	0	0	0	0	0	0	12	0	0	0	0
14102	81미리 박격포(M29A1)	110	0	0	0	0	0	0	10	0	0	0	0
14103	81미리 박격포(KM187)	115	0	0	0	0	0	0	5	0	0	0	0

▎그림 4.19 무기체계 특성 데이터(초기 탄 할당)

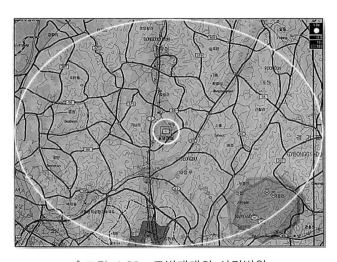

▎그림 4.20 포병대대의 사격범위

그림 4.20에서 안쪽 원은 최소 사거리이고 바깥쪽 원은 최대 사거리이다. 둘 사이의 구역만 사격이 가능하다.

(3) 탄종별 사격처리

간접사격에서는 하나의 포가 여러 종류의 포탄을 발사하는 것이 가능하다. 그러므로 각각의 탄종에 따른 시간지연 모의가 가능하다. 사격의 지연과 관련된 시간은 다음과 같다.

- 사격 전 지연
- 사격 후 지연

사격 전 지연은 방열시간과 재장전 시간이 고려된다. 방열시간은 새로운 조준점을 사격할 때만 반영되며, 재장전 시간은 여러 번 사격 시 고려된다.

사격 후 시간은 비과시간을 고려한다. 국방 시뮬레이션에서는 비과시간이 경과된 이후 탄착이 발생하기 때문에 발사시간에 비과시간을 더한 후 피해평가 및 처리가 진행된다.

(4) 피해평가 및 처리

피해처리는 다음과 같은 4개의 단계로 구성된다.

- 탄착점 결정
- 치사 면적 결정
- 치사 면적 적용
- 피해평가

위와 관련된 상세한 내용은 4.4.2절에서 자세히 다루도록 한다.

(5) 사격 임무 완료여부 확인

부여된 임무가 존재하는지 확인 후 사격을 종료할지 결정한다. 추가 임무가 있으면 사격 가능 조건 확인 단계로 돌아간다.

4.4.2 피해처리

피해처리 절차는 그림 4.21과 같이 총 4단계로 구분된다.

┃그림 4.21 피해처리 절차

① 탄착점 결정

실제 포탄을 발사할 때에도 사격기재와 포탄의 각종 요인, 바람과 기압과 같은 대기 조건, 기타 여러 조건에 의해 조준점에 정확히 탄착되지 않는다. 그렇기에 모의논리에서도 이와 같은 점을 고려하여 여러 오차를 반영한다. 조준 시에 발생하는 조준오차와 사격 시에 발생하는 탄도 오차를 고려하며 각각에 대해 편의오차와 사거리 오차를 반영한다. 편의오차는 포와 표적선에 수직방향으로 생기는 오차이며 탄도오차는 사격방향으로 생기는 오차이다. 각각에 대해 반영하므로 총 4가지의 오차가 있으며, 이는 무작위 수를 발생시켜 모의한다. 각각의 오차 값에 대한 정보는 사거리와 비과시간, 탄착각도에 따라 입력된 탄별 특성자료를 사용한다.

② 치사면적 결정

탄착점이 결정되고 나면 해당 점을 원점으로 삼아 치사 면적을 결정하게 된다. 이때, 취약성 범주, 낙하각 그리고 표적 지형 형태에 따라 표 4.8과 같은 면적을 적용한다.
예를 들어, 60mm 박격포가 고폭탄을 사용하여 탄착각이 900밀로 떨어지는 개활지에 존재하는 엎드린 병사를 향해 발사했다면 이때 치사 면적은 150m²으로 계산된다.

⏐표 4.8 60mm 박격포 고폭탄의 살상면적

저탄착각 : 700.0 / 중탄착각 : 800.0 / 고탄착각 : 1000.0   (단위 : m²)

취약성 범주	취약성 범주명	저탄착각 (개활지)	저탄착각 (산림지)	저탄착각 (도심지)	중탄착각 (개활지)	중탄착각 (산림지)	중탄착각 (도심지)	고탄착각 (개활지)	고탄착각 (산림지)	고탄착각 (도심지)
1	서있는 인원	451.0	365.0	338.0	451.0	365.0	338.0	451.0	365.0	338.0
2	엎드린 인원	150.0	112.0	112.0	150.0	112.0	112.0	150.0	112.0	112.0
3	부분 보호된 인원	109.5	79.8	80.7	109.8	79.8	81.9	109.1	76.8	80.4
4	참호 내의 인원	15.0	4.5	7.5	16.0	4.5	8.0	13.5	4.0	6.5
5	중형 전차	0.1	0.1	0.1	0.1	0.1	0.1	0.1	0.1	0.1
6	중 전차	0.1	0.1	0.1	0.1	0.1	0.1	0.1	0.1	0.1
7	교량 전차	0.1	0.1	0.1	0.1	0.1	0.1	0.1	0.1	0.1
8	중궤도 전차	0.1	0.1	0.1	0.1	0.1	0.1	0.1	0.1	0.1
9	중형 궤도 장갑차	0.1	0.1	0.1	0.1	0.1	0.1	0.1	0.1	0.1
10	중(+) 장갑차	0.1	0.1	0.1	0.1	0.1	0.1	0.1	0.1	0.1
11	중형 차륜 장갑차	160.0	70.0	105.0	160.0	70.0	105.0	160.0	70.0	105.0
12	경차륜 장갑차	190.0	82.0	135.0	190.0	82.0	135.0	190.0	82.0	135.0
13	중형 차륜 트럭	410.0	320.0	302.0	410.0	320.0	302.0	410.0	320.0	302.0
14	경차륜 트럭	451.0	365.0	338.0	451.0	365.0	338.0	451.0	365.0	338.0
15	중차륜 트럭	410.0	320.0	302.0	410.0	320.0	302.0	410.0	320.0	302.0

③ 치사면적 적용

같은 탄의 공격을 받았더라도 표적의 특성에 따라 적용받는 치사면적이 다르다. 치사
면적에 관련한 알고리즘은 아래 2가지가 있다.

- 쿠키커터 알고리즘 : 쿠키커터 알고리즘은 전차나 장갑차와 같이 장갑으로 인한
  방호력을 지닌 표적에 적용되는 알고리즘이다. 과자를 만들 때 쓰는 쿠키커터처럼
  특정 구간 안에는 피해를 입지만, 해당 구간을 넘어가는 순간 피해를 입지 않기
  때문에 이와 같은 이름이 붙었다. 파편효과는 존재하지 않고 치사반경 안에 존재
  하면 살상, 그렇지 않으면 생존이다. 다만 이때 치사반경에 특정 계수를 곱한 제압
  반경안에 포함되면 제압된다.

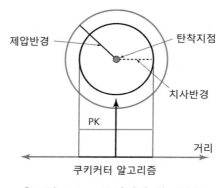

▌그림 4.22 쿠키커터 알고리즘

▶▶▶ 예제 4.8

거점 전방 10km 지점에 8대의 적 장갑차가 집결해있다는 정보가 입수되어, K-9 자주포
3문의 사격이 실시되었다. 155 mm 고폭탄 3발이 그림과 같이 탄착되었을 때, 장갑 표적
에 적합한 알고리즘을 적용하여

(1) 적 장갑차 8대의 살상/제압 여부를 판단하고, 그 결과를 기준으로

(2) 적의 격멸 및 무력화 여부를 판단하시오.
    (단, 전투력의 30% 손실 시 무력화, 50% 손실 시 격멸로 가정한다.)

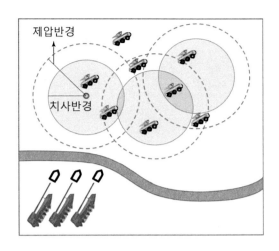

살상 5, 제압 2, 무피해 1 / 전투력의 62.5% 손실이므로 격멸

• **칼톤 알고리즘** : 보병 등 비장갑 표적인 연성 표적은 칼톤 알고리즘을 적용한다. 칼톤 알고리즘은 장갑이 없기 때문에 파편에 의한 효과도 모의하며 이 때문에 표적에서 탄착점까지의 거리가 아무리 멀어도 살상확률은 0이 아니게 된다. 칼톤 알고리즘의 살상확률 적용 수식은 다음과 같다.

$$P_k = e^{-\frac{DTI^2}{Lethal\ Area/\pi}}$$

(4.36)

이때, DTI(Distance To Impact point)는 표적과 탄착점 사이의 거리를 의미하며, Lethal Area는 치사면적을 나타낸다. 만약 면적이 아닌 반경(lethal radius)으로 주어지게 되면 Lethal Area는 (lethal radius)$^2\pi$로 표시할 수 있다.

살상 여부 판단은 난수를 발생시켜 살상확률 P_k보다 난수가 작으면 살상으로 판단한다. 하지만 표적이 생존하더라도 제압될 수 있는데 이는 미리 입력된 특정 임계치보다 P_k가 크면 적용된다. 즉, 특정 거리 내에 있는 표적은 무조건 살상 또는 제압만 가능한 경우가 발생할 수 있다.

귀관은 1소대장으로서 작전명령에 의거 목표지역으로 기동 중, ○○○고지 5~6부 능선 일대 적 단도사격조 3명을 식별하였다. 이에 중대장에게 60mm 박격포 화력을 요청하여 고폭탄 사격이 실시되었다.

60mm 고폭탄 1발이 적 단도사격조 후방 1m 지점에 탄착되었을 때, 비장갑 표적에 적합한 알고리즘을 적용하여 (1) 적 단도사격조원 1명에 대한 살상확률(Pk) 및 (2) 3명 중 2명 이상 살상되었을 확률을 구하시오.
(단, 참호 내 인원에 대한 60mm 고폭탄의 치사반경은 2m이다.)

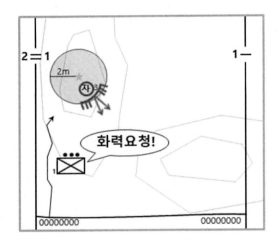

풀이   (1) 살상확률(Pk) 0.78, (2) 2명 이상 살상되었을 확률 0.88

④ 피해평가

살상이 발생하면 피해유형을 결정한다. 이는 표적이 보병일 때와 아닐 때로 나누어 판정한다.

- 표적이 보병일 경우: 경상, 중상, 치명상, 사망
- 표적이 보병이 아닐 경우: 기동력 상실, 화력 상실, 기동력 및 화력 상실, 완파

표적이 보병이 아닐 경우는 추가적으로 살상원인 평가도 수행한다. 이때 '장비', '승무원', '승무원 및 장비' 중 하나가 살상원인이 된다.

다음의 상황에서 1회의 포병사격(고폭탄)이 끝난 후 각 전투개체(전차)의 상태를 구하시오.

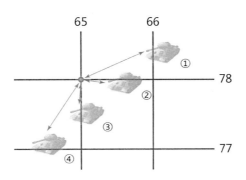

- 각 전투개체는 최대 유효면적 내 존재
- 해당 포의 치사반경 : 0.5km, 포병제압 반경비 : 1.3
- 탄착지점의 좌표 : 65007800, 취약성 범주 기준 및 살상모의 기준

기동력 상실	화력 상실	기동력－화력 상실	완파
25%	25%	25%	25%

구분	장비	승무원	승무원 및 장비
기동력 상실	30%	30%	40%
화력 상실	30%	30%	40%
기동력－화력 상실	30%	30%	40%
완파	－	－	－

전투개체	좌표	탄착지점과의 거리	살상/제압 여부	사용 난수 1	취약성 범주	사용 난수 2	살상 원인
1	66237833			0.12		0.59	
2	65637798			0.33		0.46	
3	65127756			0.48		0.27	
4	64667721			0.66		0.88	

풀이 3번 개체 좌표는 65127756, 탄착점 좌표는 65007800이므로

$$DTI = \sqrt{0.12^2 + (-0.44)^2} = 0.4560 \cdots \tag{4.37}$$

치사반경은 0.5km, 제압반경은 0.65km(포병제압 반경비가 반영된 결과)이므로 치

사반경 안에 있어 살상된다. 이제 취약성 범주를 모의한다. 주어진 난수가 0.48이므로

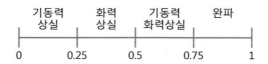

에 의해 화력 상실에 해당된다. 이어서 살상원인을 모의한다. 주어진 난수가 0.27이므로

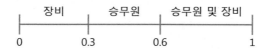

살상원인은 장비에 해당한다.

유사한 방법으로 1, 2, 4번 전투개체를 모의한 결과는 다음과 같다.

전투 개체	좌표	탄착지점과의 거리	살상/제압 여부	사용 난수 1	취약성 범주	사용 난수 2	살상 원인
1	66237833	1.27km	× / ×	0.12	—	0.59	—
2	65637798	0.63km	× / O	0.33	—	0.46	—
3	65127756	0.45km	O / -	0.48	화력	0.27	장비
4	64667721	0.86km	× / ×	0.66	—	0.88	—

▶▶▶ 예제 4.11

다음의 상황에서 1회의 포병사격(고폭탄)이 끝난 후 각 전투개체(보병)의 상태를 구하시오.

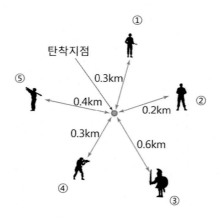

• 해당 포의 치사반경 : 0.5km, 포병 Pk 임계치 : 0.5
• 피해유형 평가기준

경상	중상	치명상	사망
0.4	0.3	0.2	0.1

전투 개체	적용되는 살상확률	사용난수 1	살상여부	사용난수 2	상태
1		0.63		0.97	
2		0.95		0.88	
3		0.35		0.47	
4		0.11		0.73	
5		0.55		0.11	

풀이 1번 전투개체를 기준으로 살펴보자.

DTI는 0.3km이므로, 살상확률은 다음과 같다.

$$P_k = e^{-\frac{DTI^2}{Lethal\ Area/\pi}} = e^{-\frac{0.3^2}{0.5^2\pi/\pi}} = 0.7 \tag{4.38}$$

살상여부는 사용난수가 0.63이므로(사용난수 < 살상확률) 살상된다. 살상이 아닌 경우에는 제압여부를 확인한다. 다음으로 취약성 범주를 모의한다. 이때 사용한 난수가 0.97이므로 아래 척도에 따라 사망에 해당이 된다.

이러한 과정을 다음 전투개체에 적용하면 아래와 같은 결과를 얻는다.

전투 개체	적용되는 살상확률	사용난수 1	살상여부	사용난수 2	상태
1	0.70	0.63	○	0.97	사망
2	0.85	0.95	×	0.88	제압
3	0.24	0.35	×	0.47	무피해
4	0.70	0.11	○	0.73	치명상
5	0.53	0.55	×	0.11	제압

4.4.3 간접사격 모의논리의 한계

일반적으로 간접사격 명령은 사용자가 직접 입력해야 하나 시뮬레이션 모델에 따라 몇 가지 사격에 대해서는 자동 교전이 가능하다.

간접사격을 직접 입력만으로 시행하여야 할 것인가에 관해서는 많은 논의가 있다. 팝업 등을 통해 손쉽게 입력하는 것을 선호하는 사용자가 있는 반면, 실상황에서의 입력을 비슷하게 모의하기 위해 좌표를 입력하는 현 상태가 더 효율적이라는 사용자도 있다. 어느 부분이 한계로 작용할지는 추가적인 논의가 필요한 부분이다.

또한 간접사격 모의논리에서는 건물을 제외한 지형지물 속성에는 손상을 주지 않으며, 지뢰에 맞더라도 폭발시키지 않는다는 한계점이 존재한다. 이외에도 불발탄에 의한 기능고장 등은 모의되지 않는 것이 실제와는 다른 차이라고 할 수 있다.

4.4.4 간접사격 예제

▶▶▶ 예제 4.12

귀관은 1소대장으로서 작전명령에 의거 목표지역으로 기동 중, OOO고지 5~6부 능선 일대 적 단도사격조 3명을 식별하였다. 이에 중대장에게 60mm 박격포 화력을 요청하여 고폭탄 사격이 실시되었다. 60mm 고폭탄 1발이 적 단도사격조 후방 1m 지점에 탄착되었을 때, 비장갑 표적에 적합한 알고리즘을 적용하여

(1) 적 단도사격조원 1명에 대한 살상확률(P_k)을 구하시오.

(2) 3명 중 2명 이상 살상되었을 확률을 구하시오.

(단, 참호 내 인원에 대한 60mm 고폭탄의 치사반경은 2m이다.)

풀이 (1) 살상확률(P_k)

$$\rightarrow P_k = e^{-\frac{DTI^2}{LR^2}} = e^{-\frac{1^2}{2^2}} = 0.78 \tag{4.39}$$

(2) 2명 이상 살상되었을 확률

$$\begin{aligned} P(X \geq 2) &= P(X=2) + P(X=3) \\ &= \binom{3}{2} \times 0.78^2 \times 0.22 + \binom{3}{3} \times 0.78^3 \\ &= 0.88 \end{aligned} \tag{4.40}$$

귀관은 야전 중대장으로서 현재 방어작전을 수행하고 있다. 1소대장으로부터 거점 전방 1.5km 지점에서 적 전차 2대가 남쪽으로 기동 중이라는 보고를 받았다. 이에 관측장교를 통해 포병 화력을 요청하고 고폭탄 1발이 탄착되는 것을 확인하였다. 탄착지점 및 적 전차의 위치가 아래 그림과 같을 때, 적합한 알고리즘을 적용하여 2대의 적 전차에 대한 살상/제압 여부를 판단하고, 표 1과 표 2를 활용하여 취약성 범주 및 살상원인을 판단하시오.

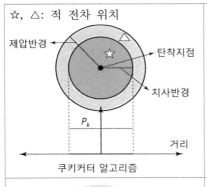

☆, △: 적 전차 위치

제압반경 / 탄착지점 / 치사반경

P_k

거리

쿠키커터 알고리즘

• 쿠키커터 알고리즘을 선택하였을 시, 적 전차의 살상/제압 여부를 아래 표에 작성하고, 그 이유를 설명하시오.

적 전차 위치	살상/제압 여부 판단
☆	
△	

• 이유 :

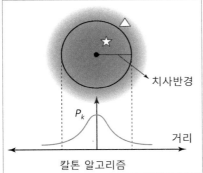

치사반경

P_k

거리

칼톤 알고리즘

• 칼톤 알고리즘을 선택하였을 시, 적 전차의 살상/제압 여부를 아래 표에 작성하고, 그 이유를 설명하시오.

적 전차 위치	살상/제압 여부 판단
☆	—
△	—

• 이유 :

⏐ 표 1 전차 살상유형별 확률

구분	기동력 상실	화력 상실	기동력-화력 상실	완파
확률	30%	30%	25%	15%

⏐ 표 2 전차 살상유형에 대한 살상원인별 확률

구분	장비	승무원	승무원 및 장비
기동력 상실	30%	30%	40%
화력 상실	40%	40%	20%
기동력-화력 상실	40%	30%	30%
완파	—	—	100%

전투 개체	살상 혹은 제압	사용난수 1	취약성 범주	사용난수 2	살상원인
☆		0.48		0.63	
△		0.32		0.81	

▶ ▶ ▶   예제 4.14

고폭탄 1발이 아래 상황과 같이 탄착되었다고 한다. 이때 각 전투개체에 대한 피해를 평가하시오.

▍표 1 보병 살상유형별 확률

구분	경상	중상	치명상	사망
확률	30%	30%	20%	20%

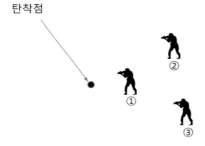

탄착점

구분	내용
탄착점 좌표	6512 7756
치사반경	0.5km
PK임계치	0.5

전투 개체	좌표	탄착점과의 거리	적용되는 살상확률	사용난수 1	살상/제압 여부	사용난수 2	상태
1(보병)	6531 7786			0.73		0.77	
2(보병)	6533 7777			0.85		0.48	
3(보병)	6549 7807			0.11		0.83	

$$P = e^{-\frac{DTI^2}{LethalArea/\pi}}$$

4.5 명중확률 산출방법(직사화기)

4.5.1 일반상황

(1) 서론

현존하는 대전차 탄두들은 일반적으로 목표 전차에 명중했을 때만 효과적이다. 따라서 전차의 사수는 자기 자신이 알고 있는 가장 높은 초탄 명중 사거리 내에 적 전차가 도달할 때까지 발사를 삼가한다. 사수는 그의 위치가 조기에 발각되는 것을 방지하여 적 전차의 보복사격(대응사격) 기회를 감소시킨다. 이러한 상황에서 사수의 위치가 적에게 노출될 확률과 적의 대응사격으로 인한 피해확률을 감소시키기 위해서는 초탄 명중 사거리가 가능한 큰 것이 요구된다.

대전차포의 명중확률에 대한 요구는 새로운 포병대대 대전차포(BAG)의 참모요구서 (SR998)에 다음과 같이 규정되어 있다. "1,000m의 사거리에서 2m × 2m의 수직 고정 목표물에 대한 초탄 명중확률은 80%가 이상적이다. 사거리측정기의 사용은 허용된다."

SR999에는 포와 포탄의 오차 등을 고려한 사거리측정기의 세부적인 요구 제원이 다음과 같이 제시되어 있다.

- 최대 사거리(m) : 1,200
- 최소 사거리(m) : 400
- 지상정확도(m) : $20R^2$ (표준통계편차)

위에서 R은 사거리를 1,000m로 나눈 값이다. 최소 사거리는 사거리측정기의 설계자를 위한 설계조건으로 주어진 것이다. 최소 사거리 이내의 거리에서는 시각적인 거리판단을 이용한다. 시각적인 거리판단은 지상정확도에서 표준통계편차로 미터 단위 사거리의 30%가 실험적으로 인정된다.

(2) 수업목표

이 수업의 목적은 다음과 같다.

- 명중확률 계산 방법을 연습한다.
- 계산 결과를 실제적인 결정을 위한 가장 유용한 형태로 표현하는 능력을 부여한다.

4.5.2 명중확률 계산

(1) 상황부여

이제 포병대대 대전차포(BAG)의 설계가 완성되었다. 포는 구경 110mm의 무반동포로서 HESH탄을 800m/s의 포구속도로 발사한다. 이 포는 전 방위에 대한 공격이 가능하며, 한 번 명중되면 차세대 적전차를 파괴할 수 있다.

이제 포병대대 대전차포(BAG)의 초기 모델에 대한 사거리와 정확도에 대한 결과를 시험할 수 있게 되었다. 표 4.9에서는 수평오차와 수직오차(포의 사각으로 표현됨)를 보여준다. 주의할 점은 오차는 밀리라디안(mrad) 단위로 할당되며, 1mrad은 1/1,000rad이다. 이 각도는 1,000m의 사거리에 대한 1m의 수직거리를 의미한다.

표 4.9의 내용과 SR999의 사거리측정기를 이용하여 포병대대 대전차포(BAG)의 명중확률이 SR999에서 명시하고 있는 요구조건을 충족시키는지를 확인한다. 플라스틱고폭탄(HESH)에 대한 탄도데이터는 표 4.10에 제시되어 있다.

▌표 4.9 수평오차 및 수직오차

구분		내용	미치는 영향	
			수평방향(x)	수직방향(y)
포의 오차 (σ_g)	탄도오차(σ_b)	포 고유 오차값 (사탄분포)	σ_{bx}(mrad)	σ_{by}(mrad)
	우발오차(σ_i)	부수적 오차 (조준오차, 기상오차)	σ_{ix}(mrad)	σ_{iy}(mrad)
사거리측정기 오차(σ_r)		사거리 측정간 발생한 사거리오차	—	σ_{ry}(m)

▌표 4.10 플라스틱고폭탄의 탄도데이터

사거리(m)	낙각, ω(mrad)	사거리(m)	낙각, ω(mrad)
500	4.44	1,000	10.06
600	5.45	1,100	11.25
700	6.51	1,200	12.73
800	7.70	1,300	15.98
900	8.88	1,400	19.54

(2) 해결 방법

첫 단계로 미터 단위를 밀리라디안 단위로 변환한다. 그림 4.22를 보면, 만일 r과 d가 미터 단위로 측정되었다면, θ는 밀리라디안 단위로 아래의 식과 같이 환산할 수 있다.

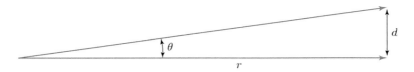

▎그림 4.22 미터 단위의 밀리라디안 단위 변환

$$1\,\text{mrad} = \frac{1}{1000} = 0.06° \tag{4.41}$$

$$\theta = \frac{1000d}{r} \tag{4.42}$$

(3) 오차 및 명중확률

포병대대 대전차포(BAG)의 편차정보가 아래 표 4.11과 같이 주어졌을 때 오차 및 명중확률 산출과정을 살펴보자. 수직표적에 대한 모든 오차는 미터 단위로 표시한다. 두 번째 하첨자 x는 수평오차를 나타내며, y는 수직오차를 가리킨다.

▎표 4.11 대전차포(BAG) 편차정보

구분	편차정보	
수평방향	$\sigma_{bx} = 0.36\,\text{mrad}$	$\sigma_{ix} = 0.56\,\text{mrad}$
수직방향	$\sigma_{by} = 0.38\,\text{mrad}$	$\sigma_{iy} = 0.55\,\text{mrad}$
	$\sigma_{ry} = \sigma_r \omega;\quad \sigma_r = CR^2$ 및 $C = 20$	

가) 포의 오차

• 수평오차

$$\begin{aligned}
\sigma_{gx}^2 &= \sigma_{bx}^2 + \sigma_{ix}^2 = 0.36^2 + 0.56^2 \\
&= 0.1296 + 0.3136 = 0.4432 \\
\sigma_{gx} &= 0.6657\,\text{mrad} \\
&= 0.6657\,\text{m}(1{,}000\text{m 사거리표적에 대하여})
\end{aligned} \tag{4.43}$$

• 수직오차

$$\begin{aligned}
\sigma_{gy}^2 &= \sigma_{by}^2 + \sigma_{iy}^2 = 0.38^2 + 0.55^2 \\
&= 0.1444 + 0.3025 = 0.4469 \\
\sigma_{gy} &= 0.6685\,\text{mrad} \\
&= 0.6685\,\text{m}(1{,}000\text{m 사거리표적에 대하여})
\end{aligned} \tag{4.44}$$

나) 사거리측정기 오차

만일 σ_{ry}가 사각(수직표적에서의 미터)과 등가오차이면 그림 4.24를 참고하여 다음과 같이 계산할 수 있다.

▌그림 4.24   사거리측정기 오차의 계산

$$\sigma_{ry} = \sigma_r \omega \times 10^{-3} \text{m} \qquad (4.45)$$

여기서 σ_r은 사거리오차이며

$$\sigma_r = 20R^2 \qquad (4.46)$$

1,000m 사거리에서는

$$R = 1.0km, \sigma_r = 20\text{m}, \ \omega = 10.06\text{mrad이므로}$$
$$\sigma_{ry} = 20 \times 10.06 \times 10^{-3} = 0.2012\text{m} \qquad (4.47)$$

다) 총 오차

• 수평방향

$$\sigma_x = \sigma_{gx} = 0.6657\text{m} \qquad (4.48)$$

• 수직방향

$$\sigma_y^2 = \sigma_{gy}^2 + \sigma_{ry}^2 = (0.4469 + 0.0405) = 0.4874 \qquad (4.49)$$

따라서 $\sigma_y = 0.6981\text{m}$

라) 명중확률

만일 목표지점이 $2d(\text{m}) \times 2d(\text{m})$의 정사각형 표적의 중앙이라면, 그림 4.25와 같이 수평방향과 수직방향에 대한 적분구간을 판단할 수 있다.

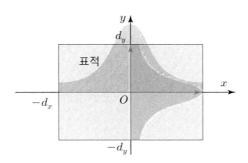

┃그림 4.25 수평 및 수직방향 적분구간 판단

포의 편의는 없으므로 수평방향 또는 수직방향 명중확률은 다음과 같이 주어진다.

$$\frac{1}{\sigma \sqrt{2\pi}} \int_{-d}^{+d} \exp\left(\frac{-x^2}{2\sigma^2}\right) dx \tag{4.50}$$

위의 식을 다시 쓰면 아래와 같다.

$$\frac{2}{\sigma \sqrt{2\pi}} \int_{0}^{+d} \exp\left(\frac{-x^2}{2\sigma^2}\right) dx \tag{4.51}$$

수평방향에 대해 $d = 1\text{m}$, $\sigma_x = 0.6657\text{m}$이므로

$$\frac{d}{\sigma_x} \approx 1.50 \tag{4.52}$$

수평방향 명중확률은

$$P_x = P(0 \leq Z \leq 1.50) = 0.4332 \times 2 = 0.8664 \tag{4.53}$$

수직방향에서 $d = 1\text{m}$, $\sigma_y = 0.6981\text{m}$이므로

$$\frac{d}{\sigma_y} \approx 1.43 \tag{4.54}$$

수직방향 명중확률

$$P_y = P(0 \leq Z \leq 1.43) = 0.4236 \times 2 = 0.8472 \tag{4.55}$$

마) 총 명중확률

$$P = P_x \times P_y = 0.8664 \times 0.8472 = 0.7340 = 73.4\% \tag{4.56}$$

따라서 대전차포(BAG)는 SR999에 명시된 사거리측정기를 이용하여 설계서의 기준 충족여부를 확인할 수 있다.

4.5.3 예제

▶▶▶ 예제 4.15

대전차포의 편차정보가 표 4.11과 동일하다. 사거리가 각각 900m, 1,200m일 경우에 아래와 같은 2m × 2m 표적에 대한 명중확률을 구하시오.

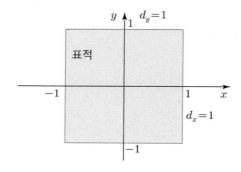

풀이 수평방향 적분구간 : $d_x = 1\text{m}$
수직방향 적분구간 : $d_y = 1\text{m}$

• 포의 오차
  － 수평방향
  $$\sigma_{gx}^2 = \sigma_{bx}^2 + \sigma_{ix}^2 = 0.36^2 + 0.56^2 = 0.1296 + 0.3136 = 0.4432$$

$$\sigma_{gx} = 0.6657\text{m}(1,000\text{m 사거리표적에 대하여})$$

$$= 0.5991\text{m}(900\text{m 사거리표적에 대하여})$$

$$= 0.7988\text{m}(1,200\text{m 사거리표적에 대하여})$$

− 수직방향

$$\sigma_{gy}^2 = \sigma_{by}^2 + \sigma_{iy}^2 = 0.38^2 + 0.55^2$$

$$= 0.1444 + 0.3025 = 0.4469$$

$$\sigma_{gy} = 0.6685\text{m}(1,000\text{m 사거리표적에 대하여})$$

$$= 0.6017\text{m}(900\text{m 사거리표적에 대하여})$$

$$= 0.8022\text{m}(1,200\text{m 사거리표적에 대하여})$$

- 사거리측정기 오차

$$\sigma_{ry} = 20 \times 0.9^2 \times 8.88 \times 10^{-3} = 0.1439\text{m}(900\text{m 사거리표적에 대하여})$$

$$\sigma_{ry} = 20 \times 1.2^2 \times 12.73 \times 10^{-3} = 0.3666\text{m}(1,200\text{m 사거리표적에 대하여})$$

- 총 오차

  − 수평방향

$$\sigma_x = \sigma_{gx} = 0.5991\text{m}(900\text{m 표적}) \text{ 및 } 0.7988\text{m}(1,200\text{m 표적})$$

  − 수직방향

$$\sigma_y^2 = \sigma_{gy}^2 + \sigma_{ry}^2 = (0.3620 + 0.0207) = 0.3827(900\text{m 표적})$$

따라서 $\sigma_y = 0.6186\text{m}(900\text{m 표적})$

$$\sigma_y^2 = \sigma_{gy}^2 + \sigma_{ry}^2 = (0.6435 + 0.1344) = 0.7779(1,200\text{m 표적})$$

따라서 $\sigma_y = 0.8820\text{m}(1,200\text{m 표적})$

- 명중확률 계산(900m 표적)

수평방향에 대해 $d = 1\text{m}$, $\sigma_x = 0.5991\text{m}$이므로

$$\frac{d}{\sigma_x} \approx 1.67$$

  − 수평방향 명중확률

$$P_x = 0.4525 \times 2 = 0.9050$$

수직방향에서 $d = 1\text{m}$, $\sigma_y = 0.6186\text{m}$이므로

$$\frac{d}{\sigma_y} \approx 1.62$$

  − 수직방향 명중확률

$$P_y = 0.4474 \times 2 = 0.8948$$

- 총 명중확률(900m 표적)

$$P = P_x \times P_y = 0.9050 \times 0.8948 = 0.8098 \approx 81.0\%$$

같은 방법으로 1,200m 표적에 대한 총 명중확률을 계산하면
$$P = P_x \times P_y = 0.7888 \times 0.7416 = 0.5850 = 58.5\%$$

▶ ▶ ▶ 예제 4.16

대전차포의 편차정보가 표 4.11과 동일하며 사거리가 1,000m일 경우에 아래 표적에 대한 명중확률을 구하시오.

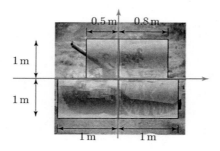

풀이 조준점 윗부분 수평방향 적분구간 : $d_{x1} = 0.8\text{m}$ $d_{x2} = 0.5\text{m}$
조준점 윗부분 수직방향 적분구간 : $d_y = 1\text{m}$
조준점 아랫부분 수평방향 적분구간 : $d_{x3} = 1\text{m}$
조준점 아랫부분 수직방향 적분구간 : $d_y = 1\text{m}$

• 포의 오차
– 수평방향
$$\sigma_{gx}^2 = \sigma_{bx}^2 + \sigma_{ix}^2 = 0.36^2 + 0.56^2$$
$$= 0.1296 + 0.3136 = 0.4432$$
$$\sigma_{gx} = 0.6657\text{mrad}$$
$$= 0.6657\text{m}(1,000\text{m 사거리표적에 대하여})$$
– 수직방향
$$\sigma_{gy}^2 = \sigma_{by}^2 + \sigma_{iy}^2 = 0.38^2 + 0.55^2$$

$$= 0.1444 + 0.3025 = 0.4469$$

$$\sigma_{gy} = 0.6685\,\text{mrad}$$

$$= 0.6685\text{m}(1{,}000\text{m 사거리표적에 대하여})$$

- 사거리측정기 오차

$$\sigma_{ry} = 20 \times 10.06 \times 10^{-3} = 0.2012\text{m}$$

- 총 오차
  - 수평방향

$$\sigma_x = \sigma_{gx} = 0.6657\text{m}$$

  - 수직방향

$$\sigma_y^2 = \sigma_{gy}^2 + \sigma_{ry}^2 = (0.4469 + 0.0405) = 0.4874$$

$$\sigma_y = 0.6981$$

- 명중확률

  수평방향에 대해 $d_{x1} = 0.8$, $d_{x2} = 0.5$, $d_{x3} = 1\text{m}$, $\sigma_x = 0.6657\text{m}$이므로

$$\frac{d_{x1}}{\sigma_x} \approx 1.20, \quad \frac{d_{x2}}{\sigma_x} \approx 0.75, \quad \frac{d_{x3}}{\sigma_x} \approx 1.50$$

  - 수평방향

$$P_{x1} = 0.3849, \ P_{x2} = 0.2734, \ P_{x3} = 0.4332 \times 2 = 0.8664$$

  수직방향에서 $d_y = 1\text{m}$, $\sigma_y = 0.6981\text{m}$이므로

$$\frac{d}{\sigma_y} \approx 1.43$$

  - 수직방향

$$P_y = 0.4236$$

- 총 명중확률

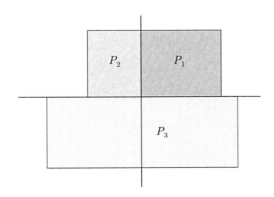

$$P_1 = P_{x1} \times P_y = 0.3849 \times 0.4236 = 0.1630$$
$$P_2 = P_{x2} \times P_y = 0.2734 \times 0.4236 = 0.1158$$
$$P_3 = P_{x3} \times P_y = 0.8664 \times 0.4236 = 0.3670$$
$$P_1 + P_2 + P_3 = 0.6458$$
$$P = 64.6\%$$

PART 4
국방시뮬레이션 모델

DEFENSE
SIMULATION MODEL

CHAPTER

05

소부대전투 모델

새로운 무기체계를 개발 또는 획득할 때마다 제기되는 문제는 가용한 대안 중에서 어떤 대안이 동일한 비용이 소요되면서 효과가 더 우수한가 또는 동일한 효과를 발휘할 수 있을 때 어느 것이 비용이 적게 소요되는가 하는 문제이다. 이러한 문제를 해결하기 위해서는 군사 전략 분야에서부터 고도의 첨단 과학기술 분야에 이르는 광범위한 분야의 전문지식이 요구된다. 그러나 우리군이 보유하고 있는 무기체계는 그 종류가 다양하고, 그 특성이나 효과가 상이하기 때문에 어떤 특정한 모형으로 정량적이며 객관적인 효과분석이 곤란한 경우가 많다.

따라서 무기체계의 효과를 판단하는 데 고려되는 주요 사항은 그 무기체계가 실 전장에서 얼마만큼의 효과를 발휘할 수 있는가 하는 것이다. 그러나 무기체계 효과는 개념정립 자체가 주관적이며 정성적인 요소가 많이 포함되어 있고, 무기체계의 종류에 따라서 고려 요소가 달라질 수 있으므로 전장에서 어떠한 효과를 발생시킬 수 있으며, 그러한 무기체계를 보유함으로써 전력상승의 효과가 얼마나 나타날 수 있는가에 대한 연구가 꾸준히 이루어지고 있다.

이번 장에서는 단위 무기체계 효과분석에서부터 소부대전투 모의가 가능한 분석용 국방 시뮬레이션 모델에 대하여 알아보고, 소부대전투 및 지상무기 효과분석을 위한 국방 시뮬레이션 모델인『지상무기효과분석모델(AWAM ; Army Weapon Analysis Model)』에 대한 특성, 운용방법 및 절차에 대하여 알아보고자 한다.

5.1 지상무기효과분석모델(AWAM) 특성

5.1.1 모델 개요

『지상무기효과분석모델(AWAM)』은 연대급 이하의 단위 무기체계의 효과분석이 가능한 교전급 분석용 국방 시뮬레이션 모델로서 「JANUS 모델」을 참조모델로 하여 2007년 한국국방연구원(KIDA) 주관으로 개발되었다. 「JANUS 모델」은 1979년에 미 로렌스 국립연구소에서 소부대 지휘관 및 참모의 훈련과 소부대 작전계획 및 무기체계 효과분석을 위하여 개발되어 현재까지 전 세계 50여 개 기관에서 사용되고 있으나, 한국군의 지형과 전술적 상황에 제한되고, 최신 IT기술 및 상황도 인터페이스기술을 적용한 보다 운용이 편리한 모델이 요구됨에 따라 지상무기효과분석모델을 개발하게 되었다. 지상무기효과분석모델은 2006년에 전력화되어 현재 합참, 육본, 교육사 및 병과학교, 국방과학연구소 등 20여 기관에서 사용 중이며 지상군 대대급 이하 제대에 대한 작전계획 분석, 전투실험, 무기체계 효과검증 등의 업무에 활용되고 있다. 주로 개별무기체계 단위로 모의하는 소부대급 교전 모델로서 활용되며 이동-탐지-교전-피해평가를 몬테카를로 시뮬레이션 방법을 적용하여 모의한다.

5.1.2 모델 특징

(1) 모의 수준

지상무기효과분석모델은 화기 또는 무기체계 단위로 모의되기 때문에 모의되는 개체의 특성이 반영되어야 하며, 확률적(Stochastic) 모델로서 개체의 제원 및 성능, 대응되는 화기간의 상태(이동, 정지, 자세 등), 명중확률(probability of hit), 살상확률(probability of kill), 탐지 등에 따라 결과가 다르게 나타난다.

(2) 분석 적용 분야

단위 무기체계의 효과 및 성능, 운용 요구, 비용대 운용 효과, 시험평가에 적용가능하며, 무기체계의 생존도, 취약도, 치사도를 도출하거나, 대대급 이하의 작전계획 등의 교전 시나리오를 통한 효과도(MOE) 분석이 가능하다.

표 5.1　지상무기효과분석모델 분야별 모의 수준

구분	주요 내용
운용 개체수	모의 부대 / 전투체계 30,000개 (화기 2,000개 / 무기체계 2,000개)
묘사 단위	단위 무기체계~연대급
모의 기능	개별 무기의 이동, 탐지, 교전(사격), 피해평가 공병(장애물, 진지), 화학, 기상영향
지형 묘사	전장 크기 : 10~100km 정방형 고도 : DTED-II(30×30m)급 수치지형고도 지형속성 : 도로, 강, 건물, 철조망 등 묘사 가능(벡터지도)
기타	15대의 상황도 동시 운영 가능, 대화식 게임 진행 확률적 모델로서 동일 시나리오 99회 반복실행 / 분석 가능

그림 5.1　AWAM 지상전 모의 기능(100×100km 전장)

(3) 모델 구성

1) 운영 환경

표 5.2　지상무기효과분석모델 하드웨어 사양

구분	최소사양	권장사양
CPU	Intel Pentium IV 2.4GHz	Core2Duo 콘로 E6700
Memory	2GB	4GB
HDD	100GB	200GB
그래픽(VGA)	128MB Video Memory	128MB Video Memory
기타	LAN 100MB, DVD-Rom, 1280×1024 Color 모니터	

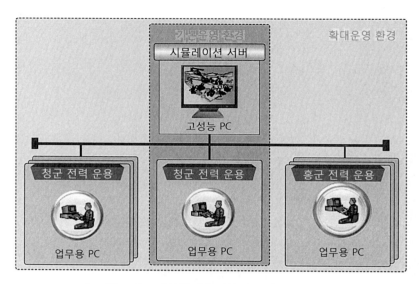

▌그림 5.2　지상무기효과분석모델의 운영 환경

2) 모델 시스템 구성

모델은 그림 5.3과 같이 입력자료 편집도구, 전투모의 상황도/작전명령 입력도구, 모의
결과 분석도구로 크게 구성되어 있으며, 전체적인 시나리오를 관리하는 프로젝트 관리
기와 각종 입력자료를 관리하는 DBMS(MS-SQL)로 구성되어 있다. 각각의 프로그램은
모의 준비, 모의 실행, 분석 단계에 따라 적합한 프로그램을 사용한다.

▌그림 5.3　지상무기효과분석모델의 구성

가) 입력자료 편집도구

입력자료 편집도구는 지형지물, 군대부호, 무기체계, 전투편성에 관한 편집기로 구성되며, 해당 분석 시나리오에 따라 적합한 지형을 선정하고 도로, 하천, 건물 등의 지형지물을 추가적으로 작성할 수 있다. 또한 모의에 필요한 무기체계 부호 및 각종 제원 및 성능 등의 자료를 확인하고, 피·아 무기체계 간의 교전과 관련된 명중/살상확률, 센서 등의 자료를 입력하고, 부대편성에 필요한 무기체계 및 부대구조를 작성하는 도구이다.

나) 전투모의 상황도 / 작전명령 입력도구

상황도는 지상무기효과분석모델의 전투모의 프로그램에 의해 부대와 표적 관련 정보, 단대호 및 현 위치, 지형 및 장애물의 현황과 정보 등을 그래픽화하여 제공하며 작전명령, 통제명령 등 모의를 진행하기 위한 각종 명령문을 작성하고 서버로 전송하도록 하는 입·출력 기능을 제공하는 프로그램이다. 화면에 기본으로 전시되는 지도자료는 육군 지형정보단의 표준 군사지도를 활용하여 만든 벡터지도(vector map)가 전시되며, 각종 부호 및 기호는 군대부호 규정에 따라 표시된다.

지상무기효과분석모델의 실시자가 상황도 프로그램을 통해 대화식으로 게임을 진행하며, 무기체계별, 부대별로 작전명령에 필요한 기동, 화력, 장애물, 전투근무지원 등의 명령을 입력하여 모의를 진행한다. 완성된 전투 시나리오는 다양한 배속으로 반복수행할 수 있다.

다) 모의결과 분석도구(사후분석기)

전투모의를 실행한 후 자동으로 생성된 사후분석 데이터를 이용하여 항목별로 정해진 형태의 보고서를 확인할 수 있는 프로그램이다. 보고서는 크게 실행된 모의 정보, 부대별 분석, 무기체계별 분석, 사건별 분석으로 보는 관점에 따라 구분되며, 여러 번 반복수행된 보고서가 통계 처리되어 나타난다.

부대별 전투력 현황, 시간대별 전투력 추이, 원인별 손실, 부대 장비 현황, 직접/간접 사격 현황, 탐지 현황, 탄약 및 연료 보급, 의무 및 정비지원 등 다양한 보고서를 부대별, 무기체계별, 시간별로 확인할 수 있다.

라) 모의프로젝트관리기

모의프로젝트관리기는 전투모의를 실시하기 위한 준비단계, 실행단계, 분석단계의 전 과정에 대한 프로젝트와 시나리오를 관리하는 데 필요한 프로그램이다. 따라서 모의프로젝트 관리기를 통해 프로젝트 및 시나리오를 수정, 삭제, 생성할 수 있고, 실행 변수를 설정하여 다양한 모의를 가능하게 한다.

여기서 프로젝트는 같은 전장(지형) 내에서 전투모의를 실시하기 위한 관련 데이터베이스를 말하며, 시나리오는 같은 전장(지형) 내에서 다른 부대편성과 작전명령으로 구성한 전투모의 시나리오를 말한다. 프로젝트 내에는 최대 999개의 시나리오를 작성할 수 있다. 시나리오 내에는 각각의 실행명령을 통해 각종 변수를 조정함으로써 같은 시나리오라도 실행명령에 따라 다른 양상의 결과가 나타난다. 시나리오 내에는 최대 99개의 실행명령 설정이 가능하다.

마) DBMS(Database Management System)

지상무기효과분석모델의 각종 자료는 데이터베이스화되어 서버에 연결된 DBMS인 MS-SQL에 의해 관리된다. MS-SQL은 상용 소프트웨어로 설치 후 별도의 조작 없이 지상무기효과분석모델 실행에 의해 자동으로 실행되고 데이터베이스의 저장, 관리가 자동으로 이루어진다. 이러한 DBMS의 사용은 각종 자료의 관리가 편리하다는 장점이 있으나, 사용되는 PC가 저사양인 경우 대용량의 자료를 처리하는데 다소 시간이 걸린다는 단점이 있다.

5.2 AWAM 모델 운용 절차

(1) 모델 운용 절차 개관

가) 준비단계

모델을 운용하여 달성하고자 하는 분석목적을 구체화하여 모델 운용 및 분석계획을 수립한다. 이 단계에서는 분석목적에 적합한 모델을 선정하는 것이 우선되어야 하며, 선정된 모델을 활용하여 어떻게 운용할 것인가에 대한 계획을 작성한다.

작성된 계획에 기초하여 입력자료 편집도구를 활용하여 모의되는 전장의 지형자료, 무기체계, 군대부호 등 입력자료를 작성하고 모의되는 무기체계 및 부대에 대한 전투편성을 실시한다.

나) 실행단계

준비단계에서 작성된 지형, 무기체계 및 부대에 대한 기본자료를 통해 실행단계에서는 모의프로젝트관리기를 사용하여 시나리오 실행에 필요한 각종 변수(모의 시작시간, 지형/기상 영향 계수, 난수값, 진영 등)를 설정하고, 전투모의 상황도를 통해 무기체계와 부대를 배치한다. 부대의 전투편성 및 지면편성이 완료되면 필요에 따라 게임 속도를 0~100배속까지 조정하며 무기체계와 부대에게 작전계획에 따른 기동, 화력, 방호, 전투근무지원 등 세부화된 작전명령과 통제명령을 입력한다. 실행단계에서는 사용자가 작전명령을 입력하고 실행과정에서 나타나는 '기동-탐지-교전-피해평가'의 절차에 따라 모의가 진행되며, 상황도의 그래픽과 문자화된 전투상황 자료에 따라 대화식으로 진행된다.

작전계획에 따라 최종적으로 완료 및 저장된 시나리오는 단일 수행에서 99회까지의 반복 수행을 통해 난수변화에 따른 전투양상결과를 도출할 수 있으며, 실행결과는 데이터베이스로 저장되어 분석단계에서 확인이 가능하다.

다) 분석단계

모의 실행간 저장된 모의결과 데이터는 사후검토기를 통해 종합분석자료로 자동 생산되어 부대별 전투력 현황, 시간대별 전투력 추이, 원인별 손실, 부대장비 현황, 직접/간접사격 현황, 탐지 현황, 탄약 및 연료 보급, 의무 및 정비지원 등 다양한 보고서를 부대별, 무기체계별, 시간별로 확인할 수 있으며 그래프를 통해서도 확인할 수 있다. 또한 전투모의 상황도에 의해 실시간으로 모의된 진행상황을 시나리오 재현기능을 통해 확인하여 무기체계 위치 및 탐지정보, 피해 현황, 기동속도, 가시선 분석, 투명도 작성 등 다양한 분석수단을 제공함으로써 면밀하고 종합적인 사후검토가 가능하다.

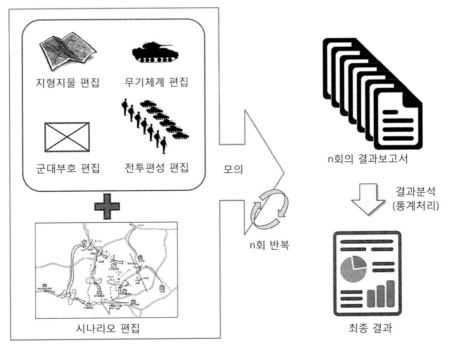

▌그림 5.4 지상무기효과분석모델 운용 절차

(2) 단계별 모델 운용

가) 준비단계

준비단계에서는 모의프로젝트관리기와 데이터베이스 관리시스템이 네트워크로 연결되어야 한다. 운용 시스템당 하나의 데이터베이스 관리시스템(MS-SQL server)에 연결되며, 데이터베이스 관리시스템에서 다수의 프로젝트를 관리할 수 있다. 각 프로젝트당 다수(최대 999개)의 시나리오를 종속시킬 수 있으며, 시나리오당 다수(최대 99개)의 실행을 종속시킬 수 있다. 또한 각 실행당 다수의 체크포인트 파일을 종속시킬 수 있다. 모델의 실행은 통합프로그램을 통해 이루어지며 준비단계에서 모의프로젝트관리기를 실행한다. 모의프로젝트관리기에 로그인하여 프로젝트를 선택하거나 새로운 프로젝트를 생성한다. 새 프로젝트에는 그림 5.5와 같이 지형지물 데이터, 군대부호 데이터, 기본시나리오가 생성되며 각각의 편집프로그램을 통해 모의 목적에 맞게 사용자가 편집하여야 한다.

지형지물 데이터는 프로젝트에 종속적이며 하나의 프로젝트에 하나의 지형에 대한 데이터만이 존재한다. 서로 다른 프로젝트로부터 지형지물 데이터를 가져올 경우 대상 프로젝트의 기존 데이터와 상호 운용호환 및 참조를 보장할 수 없으므로, 지형지물 데이터를 가져올 때에는 신중히 해야 한다. 적어도 지형지물 데이터가 일치하는 프로젝트에 한해서만 지형지물 데이터 가져오기를 해야 한다. 프로젝트에서 지형지물 데이터를 더블클릭하면 지형지물 편집기가 활성화된다. 지형지물 편집기 메뉴의 파일에서 "지형구축" 명령을 수행하면 모의전장의 영역을 구축할 수 있다. 이때 지형의 좌하단

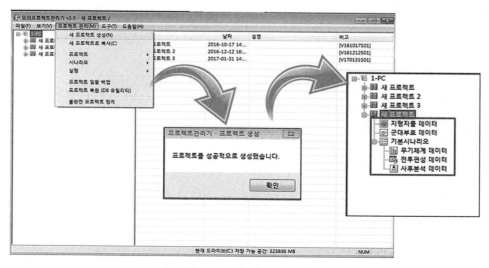

┃그림 5.5 새 프로젝트 생성

좌표와 종심 및 폭을 km 단위로 설정가능하다. 지형편집은 그림 5.6에서처럼 건물, 일반지역, 도로, 철책, 도시지역, 산림지역, 강/호수 및 철조망을 생성, 수정, 삭제할 수 있는 기능을 제공하며 지물의 형태와 지형편집 옵션을 선택한 이후 지도에 간단히 클릭하여 생성, 수정 및 삭제가 가능하다. 지형지물의 생성은 마우스 더블클릭으로 완료된다.

군대부호 데이터는 프로젝트에 종속적이고 하나의 프로젝트에 한 세트의 군대부호에 대한 데이터만이 존재한다. 지형지물 데이터와 마찬가지로 적어도 군대부호 데이터가 일치하는 프로젝트에 한해서만 군대부호 데이터 가져오기를 해야 한다. 군대부호 편집기는 통합프로그램에서 실행될 수도 있고 자체적으로 데이터베이스에 연결하여 실행될 수도 있다. 그림 5.7의 군대부호 편집기를 실행하면 군대부호 그룹 및 군대부호의 상세정보가 표시된다. 군대부호는 합동 단대호를 기준으로 작성되어 있으며, 사용자는 군대부호 편집 기능을 통하여 군대부호를 추가 및 삭제하거나 이미지를 편집할 수 있다.

시나리오는 하나의 전투편성에 대한 데이터를 가지고 여러 개의 실행에 대한 데이터를 넣을 수 있는 집합이다. 데이터베이스 관리시스템에 의해 강제적으로 부여된 시나리오 번호에 의해 관리되고 이 시나리오 번호를 공통의 키로 하는 관련 데이터를 생성하게 된다. 전투모의를 실행하기 위한 시나리오 구성에 필요한 데이터로는 무기체계 데이터와 부대편성 데이터가 있다.

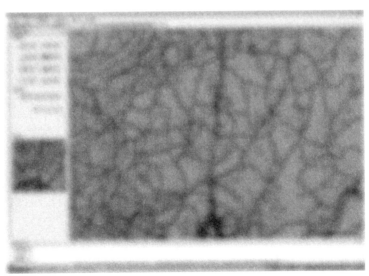

▮ 그림 5.6 지형지물 편집기

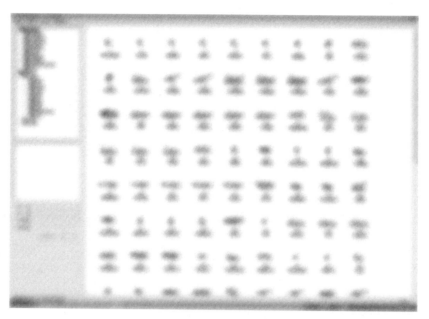
ㅣ그림 5.7 군대부호 편집기

　무기체계 데이터는 그림 5.8과 같은 데이터 구조를 가지고 있는 방대한 자료로 구성되어 있다. 무기체계 기본특성 중 무기체계 특성 데이터는 그림 5.9와 같이 각각의 무기체계의 분류와 유형, 최대속도, 가시거리 등의 데이터를 포함하고 있다. 각 무기체계는 고유의 ID 번호에 의해 분류되며 세부 특성 데이터는 사용자에 의해 편집이 가능하다. 화기 및 군수 데이터는 무기체계가 보유하고 있는 화기/탄약의 상대번호(15개까지 장착 가능)와 화기 및 탄종, 기본 휴대량과 적재시간 등의 데이터를 포함하고 있으며, 해당 무기체계의 사격 기준 정보를 포함한다. 예를 들어, 장거리 화기로 분류된 화기는 표적 무기체계가 기준거리 이후에 위치할 경우에 사용되며 단거리 화기는 기준거리보다 가까이 위치해 있을 경우 사용된다. 포병 및 지뢰에 의한 살상범주 데이터는 취약성 범주에 속하는 무기체계가 포병 사격 또는 지뢰에 의한 살상범주 정보를 포함하고 있다. 피해/살상 유형은 기동력 상실(mobility only), 기동력/화력 상실(mobility & firepower), 화력 상실(firepower only), 완전 살상(catastrophic)으로 구분된다.

　화기특성 데이터는 화기특성과 화기 및 표적에 대한 명중&살상확률, 명중 및 살상확률 데이터 집합으로 그림 5.10 및 그림 5.11과 같이 구성되어 있다. 화기특성에서는 각 화기의 거치시간, 조준시간, 재장전 시간, 격발당 발사탄 수 등의 정보를 포함하고 있으며 사용자에 의해 편집이 가능하다. 또한 탄의 유도 필요여부, 이동 간 사격 가능여부 등의 정보도 입력된다. 화기에 대한 명중&살상확률에서는 표적에 사격을 할 경우에 적용할 명중확률 집합의 번호와 표적에 탄이 명중할 경우에 적용할 살상확률 집합의 번호를 지정한다.

▎그림 5.8 무기체계 데이터 구조

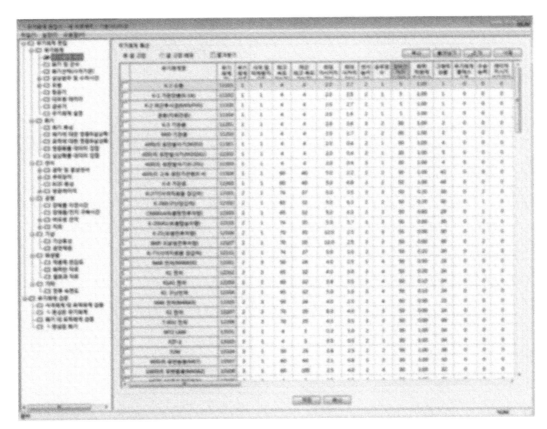

▎그림 5.9 무기체계 데이터(무기체계 특성)

┃ 그림 5.10 화기체계 데이터 구조

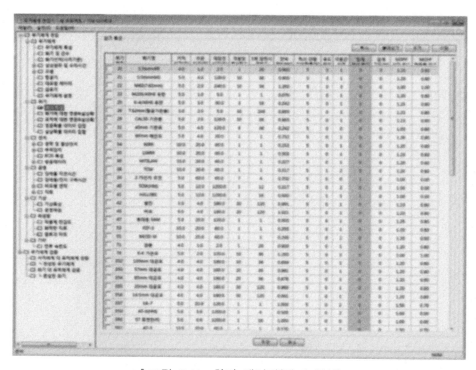
┃ 그림 5.11 화기 데이터(화기 특성)

    그림 5.12에 명중확률 데이터 집합의 예가 나타나 있다. 데이터 집합의 번호를 입력하면 해당 명중확률 집합을 사거리별, 발사/표적 무기체계의 자세별로 제시한다. 발사/표적 무기체계의 자세는 발사 무기체계의 이동여부(S : 정지, M : 이동)−표적 무기체계의 이동여부(S : 정지, M : 이동)−표적 무기체계 노출여부(E : 완전노출, D : 부분 차폐)−표적 무기체계 방향(F : 측방, M : 정면)의 조합별로 제시되며 사용자에 의해 편집이 가능하다.

    그림 5.13에 살상확률 데이터 집합의 예가 나타나 있다. 데이터 집합의 번호를 입력하면 해당 살상확률 집합을 사거리별, 적용 살상 유형 및 표적 무기체계의 자세별로 제시한다. 살상유형 및 표적 무기체계의 자세는 살상유형(MOP : 기동력만 상실, FRP : 화력만 상실, M/ : 기동력 또는 화력 또는 완전 살상, KK : 완전 살상)−표적 무기체계

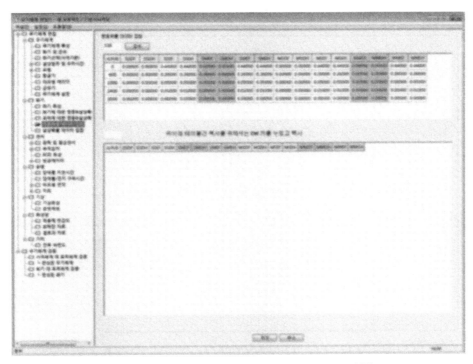

┃그림 5.12   화기 데이터(명중확률 데이터 집합)

노출여부(E : 완전노출, D : 부분 차폐) – 표적 무기체계 방향(F : 측방, H : 정면)의 조합
별로 제시되며 사용자에 의해 편집이 가능하다.

　이외에도 데이터베이스에는 센서, 공병, 기상, 무기체계 검증과 관련된 방대한 데이
터가 포함되어 있다.

　모의 준비단계에는 시나리오에 사용될 전투편성을 편집하게 되며 이는 전투편성 편
집기를 통해 이루어진다. 전투편성 화면에서 해당 진영을 선택한 좌측의 단대호/무기
체계 분류 화면에서 전투편성에 추가할 단대호가 속해 있는 분류를 선택한다. 추가할
단대호(부대)를 드래그하여 해당 진영에 드롭하면 단대호(부대)가 추가된다. 상위부대
추가 후 부대편성 및 편제를 고려하여 동일한 방법으로 하위부대를 추가한다. 이후 좌
측 무기체계 화면에서 편제될 무기체계를 선택한 후 드래그/드롭하여 해당 부대에 편
성할 수 있다. 기본 부대 생성 후 이동/복사 메뉴를 이용하여 전체 진영을 완성할 수
있으며, 동일한 방법으로 상대 진영의 전투편성도 완성될 수 있다. 또한 탄약 및 포병
탄의 보급 전투체계를 설정하고 전투체계 간의 간격과 주/야간 기상을 설정하고, 완성
된 부대의 전투체계 수 정보를 확인하고 보고서를 생성할 수도 있다. 보고서의 종류는
전투체계 보고서, 탄약 보급 전투체계 보고서, 화기 및 군수 보고서, 전투편성 보고서
등이 있다.

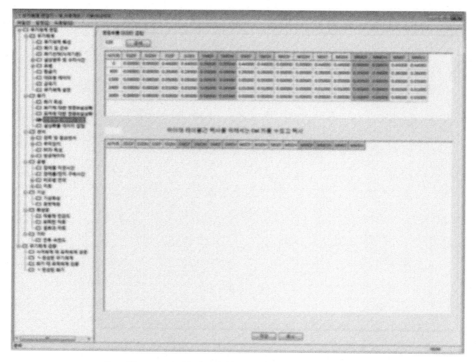

▌그림 5.13 화기 데이터(살상확률 데이터 집합)

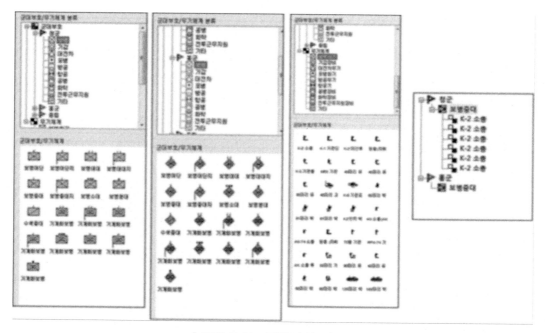

▌그림 5.14 전투편성 편집기

나) 실행단계

실행은 실제로 시나리오를 실행하기 위한 설정 데이터를 넣을 수 있는 집합이다. 데이터베이스 관리시스템에 의해 강제적으로 부여된 실행 번호에 의해 관리되고 이 실행 번호를 공통의 키로 하는 관련 데이터를 생성하게 된다. 새로 생성된 실행에는 최소기본 전투모의 양상이 달라질 수 있으므로 실행 전 반드시 실행 설정 변수 데이터를 확인해야 한다. 그림 5.15처럼 새 실행을 생성하게 되면 전투모의를 실행하기 전에 해당 실행에 대한 실행 변수를 설정해야 한다. 실행 변수는 실행관련 시각설정, 성능/실행 변수, 공병장애물/부대성능, 적정의 설정, 제압정보/부가기능 및 클라이언트 관리로 구분되어 있다. '실행관련 시각설정'에서는 모의시간을 설정하고 주야 변경을 설정한다. '성능/실행 변수'는 모의실행 시 수행되는 모의논리 알고리즘에 관련된 설정을 한다. 설정은 여섯 종류로 나뉘며 표적목록 갱신 및 탐지 주기, 차폐를 벗어나 이동을 시작하는 시간(비보병 차폐 시까지 이동정지 시간), 부상자 응급처치 시간 등이 포함된다. '공병장애물/부대성능'은 진영에 초기에 할당하는 장애물이나 진영의 성능에 관련된 변수를 설정한다. 설정은 크게 네 부분으로 나뉘며, 장애물 개수 및 진영별 지뢰지대 개수, 진영별 전력 관련 변수를 설정할 수 있다. '적정의 설정'은 진영의 공격/표적 진영의 공격여부를 설정한다. 체크박스를 체크하면 공격진영은 표적진영의 공격을 허용하게 된다. '화력추가' 탭에서는 직접/간접사격의 피해에 대해 제압 시간을 설정할 수 있으며, 이외의 부가기능을 설정한다. 마지막으로 '클라이언트 관리' 탭에서는 접속할 클라이언트(상황도)의 수와 모의할 진영을 설정한다. 전투모의 프로그램은 '단일실행' 및 '반복실행' 메뉴를 통해 단일 및 반복실험을 제어할 수 있다.

새 실행을 시작하면 그림 5.16과 같이 상황도 프로그램이 실행된다. 상황도 화면은 지도 화면과, 전력편성창, 미니맵, 정보 표시창 및 메시지 출력창으로 구성되며 상황도 프로그램에서 모의를 진행하기 위한 초기 시나리오 계획을 입력하게 된다.

- **부대배치** : 각 진영의 초기 위치는 통제명령을 통해 지정할 수 있다. 전력편성 탭에서 지도화면으로 드래그/드롭을 통해 부대를 배치할 수도 있고, 각 부대의 '통제명령–이동' 기능을 통해 최초 위치를 지정할 수 있다. 부대에 소속된 단위 전투체계도 함께 배치가 되며 메뉴에서 지뢰지대 역시 배치할 수 있다. 또한 '준비된 진지' 설정을 선택하여 화면의 원하는 위치에 각 전투체계의 예정된 교전위치(전투진지)를 삽입할 수 있다. 각 부대는 '부대분리' 기능을 선택하여 개별 구성 무기체계 수준으로 분리하여 표시할 수 있으며, '부대통합' 기능을 통해 상위부대의 단대호로서 상황도에 도시할 수도 있다.

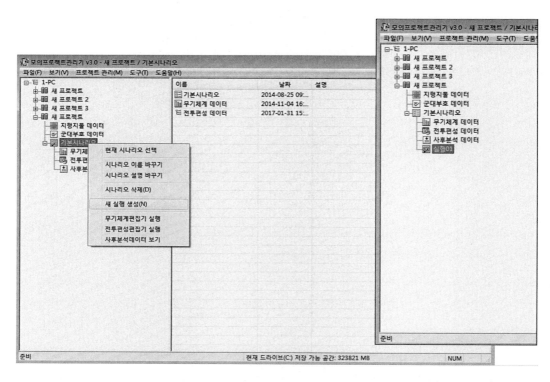

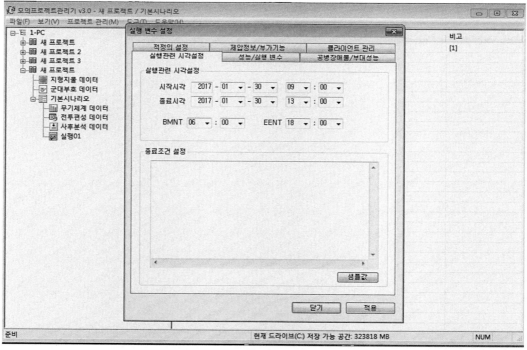

┃그림 5.15 실행관리(새 실행 생성(상), 실행 변수 설정(하))

▍그림 5.16 상황도 프로그램 구성

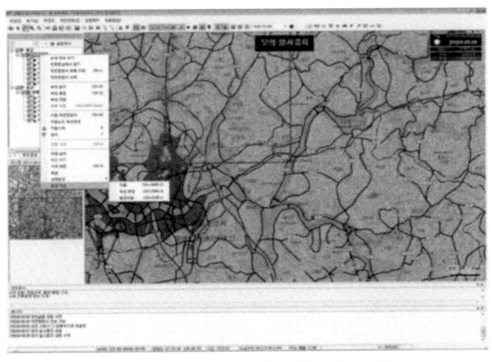

▍그림 5.17 초기 시나리오 계획 입력(통제명령 – 이동)

- 상태(status)설정 : 초기 시나리오에서 각 부대/유닛의 상태를 지정해야 한다. '상태변경' 기능을 통해 유닛 및 통합유닛의 상태가 표시되거나 변경된다. 상태는 '사격중지, MOPP, 개척, 주행모드, 완전 차폐' 등이 있으며 사격 상태의 설정을 off하면 개체는 간접사격 무기의 표적과 교전할 수 없으며, MOPP 설정을 off하면 개체는 기능저하가 반영되지 않는다. 마찬가지로 개척 상태가 off인 경우 지뢰지대 개척장비를 사용할 수 없고, 주행 상태가 off인 경우 주행모드가 아닌 그룹의 최저속도로 이동한다. 그리고 완전 차폐 기능이 해제되면(부분차폐) 교전표적을 탐지하거나 교전할 수 있으나, 반대로 완전 차폐된 개체는 교전표적을 탐지하지 못하거나 교전할 수 없다.

- 교전지역 생성 : 초기 시나리오에서는 각 부대의 교전지역을 설정해야 한다. 교전지역은 상황도의 작전명령 탭에서 설정하거나 해당 부대의 마우스 우클릭을 통해 생성된다. 대상 부대를 선택하면 지도상에서 교전지역을 다각형으로 선택할 수 있다. 교전지역이 생성되면 해당 부대는 교전지역 안에서만 교전을 진행하게 된다.

▌그림 5.18 초기 시나리오 계획 입력(교전지역 생성)

- **이동 계획 설정** : '이동작전명령' 기능을 통하여 부대의 이동 계획을 설정할 수 있다. 일반 이동 계획은 '대상 선택 – 수행 시간 설정 – 경로 입력(도로이동 포함) – 각 노드의 유형 및 시간 설정'의 단계로 수립되며 경로는 복사하거나 수정될 수 있다. '도로이동' 항목을 체크하면 유닛의 경로를 도로에 위치시킬 수 있다. 유닛 노드를 도로상에 위치시키기 위해 Zoom 기능을 사용하며, 이동하려는 도로를 선택하고 해당 도로의 목적 노드를 선택하면 자동으로 중간의 노드가 선택된다. 시나리오가 실행되는 중에는 경로 노드를 따라 이동하는 유닛을 '정지, 이동' 명령을 활용하여 통제할 수 있다.

- **가시선 분석** : 개별 유닛의 교전지역을 설정하거나 전투임무를 부여할 때 직사화기의 가시선 분석을 통해 기동 경로 계획 동안 더 나은 유닛 위치를 식별할 수 있다. 메뉴의 가시선 표시를 선택하고 유닛의 기호를 클릭하면 그림 5.19와 같이 유닛의 가시선 범위가 표시된다. 가시선(LOS)은 유닛의 위치, 센서유형, 높이에 따라 표시되며 새로운 위치를 클릭하면 그 위치에서의 가시선(LOS) 범위가 표시된다. 필요시 반복한다.

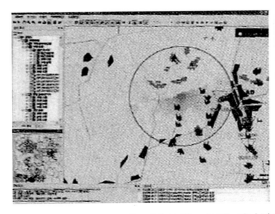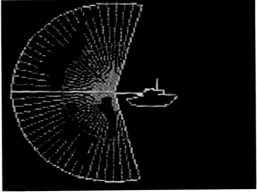

┃그림 5.19 초기 시나리오 계획 입력(가시선 분석)

- **간접사격 설정** : 초기 시나리오 계획간 간접사격 유닛의 연속 및 Timed 포병 임무를 설정할 수 있다. 간접사격 기능에서는 임무에 사용할 탄약의 유형과 일제사 횟수, 집중 사향속 또는 평행 사향속 여부를 결정할 수 있다. 또한 표적 참조점 설정을 통해 각각의 표적 참조점을 설정하고 우선순위를 지정할 수 있다. 간접사격은 상황도에서 사격할 전투개체와 표적 위치를 결정한 후, 사격 제원을 입력하면 모의

되며, 피해평가는 개별 전투체계 단위로 산출된다. 간접사격은 통상 부대통합을 실시하여 부대 단위로 명령을 실행한다. 그림 5.20의 ①과 ②에서 사격 대상 부대와 시간을 설정하고, ③에서 탄종과 사향속을 설정한다. 보유탄종은 무기체계 편집기의 '포병 – 포병특성 – 초기 할당량'에서 입력한다. 사향속은 부대의 배치형태 그대로 사격하는 '평행 사향속', 부대 배치와 관계없이 집중사격하는 '집중 사향속', 지정된 영역 내에 일정한 간격으로 사격하는 '개방 사향속'이 있다. ④에서 간접화기가 사격할 위치를 활성화시키며 다수의 조준 좌표가 설정된 경우 ⑥의 명령 목록에 표시된다. 간접사격 명령으로 살포식 지뢰를 설정할 수도 있으며 ⑤에서 대전차/대인 지뢰를 선택하여 운용할 수 있다. 살포식 지뢰는 K-9을 제외한 모든 155mm 포병화기에서 운용 가능하다.

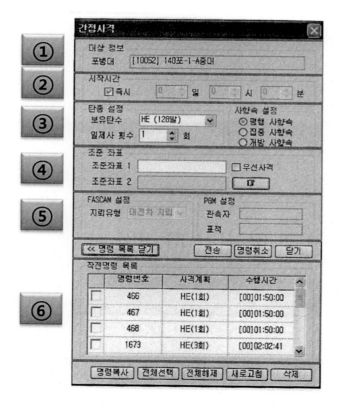

┃그림 5.20 간접사격 설정

• 차량 승차 : 보병을 이동시키기 위해 차량에 승차(하차)를 지시할 수 있다. 수송 가능한 전투개체에 탑승 가능 거리(25~500m)에 위치한 보병(부교)은 '차량 승차'

명령을 통해 승차 시킬 수 있다. 개체의 상태가 이동 중에도 승차가 가능하며, 탑승한 보병은 수송 차량이 피해 시 동시 피해가 발생하게 된다. 차량 하차는 '차량 하차' 명령을 통해 실시되며 하차 시 보병은 수송 차량의 전방 근접 반경(20~500m)에 전개한다. 건물 지근거리 내에서 하차할 경우 지근거리 내에서 건물 외벽을 따라 전개한다. 부교의 하차 시 전개시간은 무기체계 편집기의 '장애물설치시간 – 전개/회수'에서 설정된 시간에 따른다.

- **전투대형 설정**: '전투대형' 명령을 통해 부대에 소속된 전투개체들의 배치형태를 지정할 수 있다. 전투대형은 지형, 부대성격, 무기체계 특성 등을 고려하여 배치한다. 적정이 불명확하고 작전의 융통성이 요구될 경우 '삼각대 대형'을 적용하고, 적정이 명확하고 전방에 화력 집중 요구 시 '역 삼각대 대형'을 적용한다. 적과 치열한 교전이 요구될 경우 '횡대 대형'을, 빠른 이동이 요구될 경우 '종대 대형'을 적용한다. 전투대형은 부대 단위로 통합 후 실행한다.

- **장애물/준비된 진지 건설** : 장애물의 설치는 초기 계획단계 또는 모의 실행단계에서 모두 가능하다. 초기 계획단계에서 장애물을 설치할 때는 모의프로젝트관리기의 '실행변수설정'에서 '공병장애물/부대성능'의 진영별 '자연 및 공병장애물 개수'에서 설치할 장애물 개수를 입력하여 적용한 후 전력편성창의 '배치'를 클릭하고

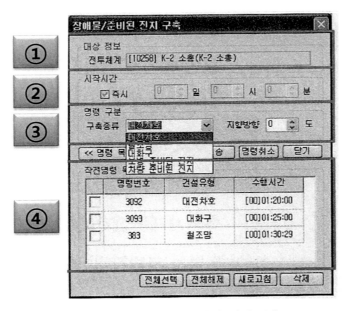

┃그림 5.21 장애물/준비된 진지 구축

'장애물'을 선택한 후 원하는 위치에 마우스로 끌어다 놓아 배치할 수 있다. 모의 실행단계에서 장애물/준비된 진지를 건설할 경우, 무기체계 편집기의 '공병－장애물/진지구축시간'에서 장애물 구축 시 소요되는 시간을 입력한 후 상황도 프로그램의 '장애물/준비된 진지 건설' 명령을 통해 건설 가능하다. 그림 5.21의 ③처럼 구축하고자 하는 장애물/준비된 진지의 종류를 '대전차호, 철조망, 대화구, 보병 준비된 진지, 차량 준비된 진지' 중 선택하고 지향방향을 설정한다.

다) 분석단계(내용 입력)

분석단계에서는 사후분석기를 통한 모의결과 분석이 이루어진다. 사후분석기는 통합프로그램을 통해 실행할 수 있으며, 개별 실행도 가능하다. 개별 실행할 경우에는 데이터베이스에 연결되어야 정상적인 기능을 활용할 수 있다. 모의가 종료되면 사후분석 데이터를 업로드해야 분석 데이터를 확인할 수 있다. 그림 5.22는 통합프로그램을 통해 사후분석 데이터의 업로드를 하는 과정이 묘사되어 있다. 모의를 실시한 실행파일을 우클릭하여 사후분석 데이터의 업로드가 가능하며 모의프로젝트관리기의 '사후분석 데이터' 항목을 실행하면 그림 5.22와 같이 업로드된 실행목록이 표시된다. 사후분석 데이터를 출력하고자 하는 실행목록을 선택하고 '사후분석 파일출력'을 클릭하면 출력된 목록이 하단에 나타난다. 그림 5.23처럼 반복 실행된 데이터를 업로드하면 다수의

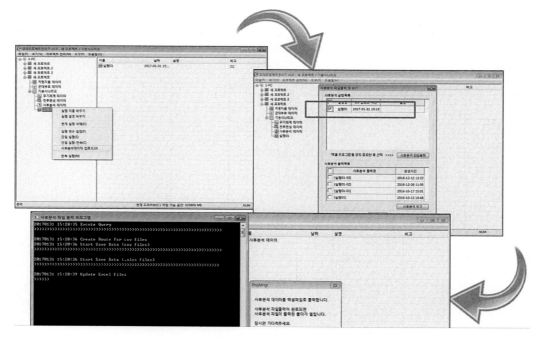

┃그림 5.22 사후분석 데이터 업로드(모의프로젝트관리기)

데이터를 출력할 수 있다. 분석결과는 '모의 결과 종합, 지정한 시간에서의 부대 전투력 현황, 시간대별 전투력 추이, 원인별 손실, 부대별 장비 현황, 직접사격, 간접사격, 탄약·연료 보급/보충, 의무·정비 지원, 무기체계별 분석보고서, 시간대별·사건별 손실' 등의 보고서로 출력 가능하며 Raw 데이터 파일로도 확인 가능하다. 그림 5.24에 사건별 손실 Raw 데이터가 예시되어 있다.

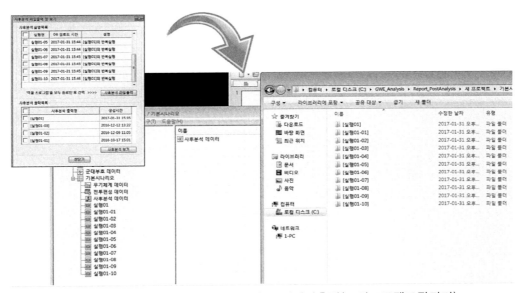

┃그림 5.23 반복 실행 데이터 업로드/결과출력(모의프로젝트관리기)

┃그림 5.24 사후분석 데이터 결과출력(사건별 손실 데이터(예))

CHAPTER 5 소부대전투 모델 145

(3) 제한 사항

지상무기효과분석모델에는 시나리오당 각종 개체의 허용한계가 있으며 이러한 시나리오 최대 허용한계가 표 5.3에 나타나 있다.

▌표 5.3 시나리오당 각종 개체의 허용한계

항목	내용	항목	내용
동시운영 상황도(PC 수)	최대 : 15	진영 개수	최대 : 6 최소 : 0
전장 크기	최대 : 100×100km 최소 : 1×1km	전체 부대/유닛 개수	최대 : 진영당 9,999 최대 : 전체 30,000 최소 : 0
건물, 도시, 일반지역, 산림, 도로 등 지형지물 유형	최대 : 100 최소 : 0	화기 개수	최대 : 2,000 최소 : 0
건물 개수	최대 : 30,000 최소 : 0	무기체계 개수	최대 : 2,000 최소 : 0
한 건물의 노드 개수	최대 : 2,000 최소 : 0	시스템당 화기 개수	최대 : 15 최소 : 0
건물 층수	최대 : 48 최소 : 0	직사화기 교전지역 개수	최대 : 진영당 50 최소 : 0
지물 개수	최대 : 30,000 최소 : 0	포 사격 임무 개수	최대 : 50 최소 : 0
사격 지점 개수	최대 : 30,000 최소 : 0	지뢰지대 개수	최대 : 100 최소 : 0
LOS 반경	최대 : 50km 최소 : 50m	지뢰 개수	최대 : 8,000 최소 : 0
광역 연막 개수	최대 : 320 최소 : 0	연막 개수	최대 : 3,200 최소 : 0

연대·대대 전투지휘훈련 모델

훈련의 가장 좋은 방법은 전투를 실제로 경험해보는 것이나, 평시에 전투를 경험할 수 없기 때문에 실전을 치르는 것과 유사한 경험을 부여하기 위해 만든 것이 전투지휘훈련 (BCTP; Battle Command Training Program)이다. 전투지휘훈련은 과학화된 컴퓨터 시뮬레이션(국방 시뮬레이션 모델)을 이용하여 실전과 가장 근접한 상황을 묘사하고 이를 과학적이고 객관적으로 판단할 수 있는 훈련체계이다. 따라서 지휘관 및 참모가 전투지휘훈련에 편성된 전문 대항군을 상대로 실전과 유사한 전투를 경험하고, 다양한 전장상황과 조치과정에서의 승패를 경험함으로써 자신의 강점과 약점을 평가하고 보완할 수 있는 계기를 마련하게 된다. 전투지휘훈련에서의 성공과 실패는 의미가 없으며, 경험한 바를 실 전투에 활용하기 위한 준비를 하는 것이 더 중요하며, 훈련을 통하여 부대는 취약점과 미비점을 발견 및 도출하여 이를 수정, 보완함으로써 고도의 전투준비태세를 유지해야 한다. 본 장에서는 전투지휘훈련의 정의, 목적, 필요성 그리고 훈련절차 및 방법에 대하여 알아보고자 한다.

6.1 전투지휘훈련 개요

6.1.1 전투지휘훈련의 정의

전투지휘훈련(BCTP)은 지휘관과 참모의 실전적 전투지휘능력을 향상시키기 위하여 컴퓨터 모의 기법(constructive simulation 또는 국방 시뮬레이션 모델)을 이용한 과학적인 부대훈련방법이다.[1]

6.1.2 목적

전투지휘훈련의 목적은 지휘관 및 참모가 실시간 부대지휘절차를 숙달하고 제대 및 기능별 통합전투 수행능력을 향상시키는 데 있다. 이를 위해 제병협동 및 합동작전 수행능력을 배양하고, 적지종심작전, 대화력전 등 다양한 작전유형별 수행능력을 구비하며, 작전지속능력 유지를 위한 작전지속지원능력을 향상시키고, 사후검토를 통해 전투발전 소요를 도출하는 것이 전투지휘훈련의 주된 목적이다. 군단·사단의 지휘관 및 참모가 실전과 유사한 상황하에서 작전의 성공과 실패를 체험해봄으로써 부대의 취약점 및 미비점을 도출하고, 이를 수정 보완함으로써 고도의 전투준비태세를 유지할 수 있다. 컴퓨터 시뮬레이션(국방시뮬레이션 모델)은 기술적인 분야를 지원하고 도와주는 역할만을 수행하며, 훈련부대 스스로가 훈련을 준비 및 실시하여 부대의 강·약점 및 훈련소요를 염출해야 한다.

6.1.3 전투지휘훈련의 필요성 및 추진경과

장차전은 치명적인 살상력과 보다 넓은 전장에서의 전투를 통해 단 한 번의 실패가 돌이킬 수 없는 결과를 낳게 되므로 보다 강도 높고 실전적인 교육훈련이 요구된다. 그러나 현재 우리군은 국방 예산의 감소, 훈련지역의 확보 등 많은 어려움을 겪고 있어 인원, 장비 및 예산소요가 많은 사단급 이상 부대의 대규모 실병 기동훈련을 실시하기에는 매우 어려운 여건에 있다. 또한 국제법상 사단급 이상 부대의 실병 기동훈련 시

---

1) 육군교육사령부, 전투21모델 사용자지침서(Ⅱ), 2015

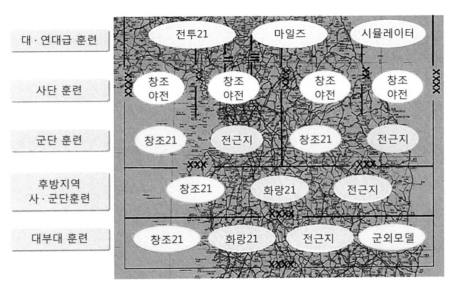

┃ 그림 6.1 육군 제대별 전투지휘훈련(국방 시뮬레이션) 체계[2]

에 훈련내용을 공개하고, 타국이 참관토록 규정하고 있으므로 이러한 실병 기동훈련은 자국의 군사보안 측면에서 많은 문제점을 내포하고 있다. 따라서 컴퓨터 시뮬레이션을 활용한 전투지휘훈련을 통해 많은 예산절약이 가능하며, 훈련장 확보의 어려움, 대부 대 기동에 대한 대민피해 및 각종 사고발생 등의 문제점 해소가 가능할 뿐만 아니라, 효과적이고 실전적인 훈련을 통해 고도의 전투준비태세 유지가 가능하다.

1980년대에 각종 컴퓨터 시뮬레이션이 개발되면서 관심이 증대되기 시작하였으며, 1989년 10월 미 ○사단의 전투지휘훈련 시 한국군 ○군단이 상급사령부로 최초 참여 하였다. 1992년부터 연합사령부의 지원하에 사단에 대한 전투지휘훈련을 실시하면서 경험과 기술을 축적하기 시작하였고, 1995년부터 매년 ○○ 사단이 백두산 훈련을 실 시하였다. 1999년부터 한국군 독자적 모델인『창조21모델』을 개발하여 2002년부터 백 두산 훈련을 전투지휘훈련으로 명칭을 변경하여 전 군단을 대상으로 실시하였다. 이후 2004년부터 교육사령부 예하의 전투지휘훈련단 주관하에 전 상비사단을 대상으로『창 조21야전모델』을 적용하여 훈련을 실시하였으며, 2005년부터 전 향토사단을 대상으로 향토사단 훈련용 모델인『화랑21모델』을 활용하여 훈련하고 있다. 그 외에도 연대·대 대급 전투지휘훈련은 1988년에 지휘소훈련 및 야외기동훈련의 제한사항을 보완할 목 적으로 대대 및 연대전술기를 개발하여 활용하였고, 1997년 피·아 편성 및 무기체계 를 보다 상세히 묘사할 수 있는『전투21모델』을 개발하여 연대·대대급 전투지휘훈련

2) 육군사관학교, 군사 시뮬레이션 공학, 북스힐, 2015

을 실시하고 있으며, 전투근무지원 분야에서는 2006년부터『전투근무지원 모델』을 활용하여 각 군사령부의 전투근무지원 전쟁연습을 실시하고 있다.

6.1.4 전투지휘훈련의 특성 및 제한사항

전투지휘훈련은 지휘관 및 참모를 대상으로 다양하고 복잡한 상황에서 실전적으로 전투를 지휘하고 통제하는 훈련이다. 따라서 활용하는 국방 시뮬레이션 모델은 작전계획, 무기체계 등에 대한 시험평가를 위한 모델이 아닌 지휘소의 지시 및 명령을 컴퓨터 모의로 구현하여 훈련을 실시할 수 있는 여건과 기술적인 부분을 지원하고 도와주는 보조수단으로서의 역할을 한다. 전투지휘훈련은 훈련 정도, 군기, 사기, 정신력 등의 전투결과에 영향을 미치는 무형적 요소의 모의는 제한된다. 실전성과 실용성을 고려하여 지휘관과 참모의 절차 훈련과 관련된 사항을 중심으로 모의를 단순화하기 때문에 전투원 개개인 또는 단위 무기체계까지의 묘사는 제한되며, 활용되는 국방 시뮬레이션 모델의 모의 수준에 따라 영향을 받는다. 전투지휘훈련 간 이루어지는 단순한 전상자 발생과 손실 정도에 대한 평가만으로 부대나 지휘관 및 참모를 평가해서는 안 된다. 피해는 훈련을 위한 상황조성의 차원으로 이해되어야 한다. 또한 전투지휘훈련을 위한 국방 시뮬레이션 모델은 전투양상과 전장실상을 100% 모의하지 못하기 때문에, 훈련통제실에서 이러한 모의의 제한사항을 해소하기 위한 정확한 노력과 훈련통제가 요구된다.

6.1.5 전투지휘훈련의 편성 및 절차

(1) 훈련 편성 및 임무

1) 훈련통제반

훈련통제반은 크게 선임통제반, 사후검토반, 대항군으로 구성되며, 선임통제반은 전체적인 훈련을 계획 및 통제하거나, 상급부대의 역할, 그리고 모델의 기술적인 운용지원을 한다. 사후검토반은 훈련 실시간 사후검토 자료를 수집 및 분석하고, 주요 국면에 대한 분석, 교훈 및 훈련소요를 도출하는 역할을 한다. 대항군반은 전문 대항군으로 구성되어 훈련상황을 유도하는 역할을 하며, 일부 전투지휘훈련의 경우 대항군을 축소 운용하거나 아군 전술에 의한 쌍방훈련을 실시하기도 한다.

2) 지휘소

훈련부대의 연대급 이상의 지휘소로서 참모판단, 지휘결심, 화력지원, 첩보제공 등의 역할을 하며, 전시 주 지휘소 편성/운용, 전시편제 인원으로 훈련을 실시한다. 사단의 경우 모의반은 정보, 기동(3개), 화력, 전투지원, 전투근무지원 모의반으로 구성된다. 관찰반도 지휘소에 전개하여 관찰한다.

3) 전투모의반(BSC)

군단 모의반은 정보, 화력, 전투지원, 전투근무지원 모의반으로 구성되며, 사단의 경우 정보, 기동(3개), 화력, 전투지원, 전투근무지원 모의반으로 구성된다. 훈련통제는 훈련통제실을 편성 및 운용하고, 대항군은 별도 건물에 지휘소와 모의반을 분리하여 편성 및 운용한다. 모의반은 연대 이하 전술지휘소(TAC)와 대대급 이하 전투모의를 수행하는 역할을 하며, 연대급 이하 제대의 상황판단 및 결심, 대응의 연속적인 전투수행 지시, 명령을 컴퓨터 모의로 구현한다.

┃ 표 6.1 전투지휘훈련 편성별 임무

항목	주요 임무
상급부대 대응반	• 작전명령과 예하부대 전투력 할당 • 필요한 정보 제공
대항군	• 통제단장 지침에 의거 훈련부대와 동일한 절차 적용 • 북한군 전술 적용
훈련통제반	• 전반적인 훈련진행 조정/통제 • 상급/인접부대 전투상황 묘사 • 모의 모델의 제한사항을 수동모의로 처리 • 추가 전투력 요청시 검토/승인 • 사후검토 분석반에 필요한 자료 제공
훈련부대	• 부대지휘절차를 적용한 명령작성 및 하달 • 전투모의반(BSC) : 모의 모델에 입력, 전투결과 보고 • 상급부대에 필요한 정보요구, 추가전투력 건의 • 예하부대에게 정보제공 및 자산 할당 • 임무수행결과 상급부대 보고

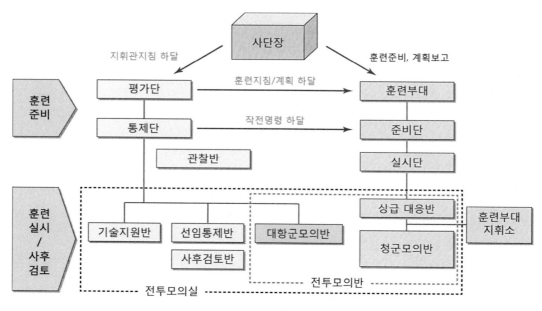

┃그림 6.2 전투지휘훈련 편성 및 진행절차

(2) 훈련 절차 및 진행방법

1) 훈련준비단계

전투지휘훈련의 성과를 극대화시키기 위한 핵심적인 과정으로서 훈련부대의 준비계획 수립으로부터 훈련이 실시되기 전까지의 훈련부대와 상급 및 훈련통제부대에서의 전 활동을 말한다. 육군본부와 군사령부(군단)의 연간 훈련지침에 근거하여 훈련부대의 임무 및 특성을 고려하여 훈련목표를 수립하고 통제방법을 결정하여 보다 효과적인 훈련이 될 수 있도록 계획 및 준비한다. 훈련 준비는 훈련제대에 따라 상이하나, 일반적으로 군단은 5개월 전, 사단은 3개월 전부터 훈련계획 하달, 통제단 구성, 훈련부대의 훈련준비 계획보고 및 준비단 구성, 시나리오 DB 구축 및 작전계획 작성과 모델운용 준비 등이 실시된다.

2) 훈련실시단계

전투지휘훈련은 훈련제대에 따라 훈련기간을 다르게 실시한다. 군단은 8박 9일, 상비 사단은 4박 5일, 향토사단은 3박 4일로 방어 작전과 공격 작전을 구분하여 진행한다. 이때 훈련부대는 방어 작전과 공격 작전의 전환에 따른 훈련준비 시간을 제외하고 실제 전투와 동일하게 24시간 주·야간으로 훈련을 실시한다. 통제부대는 훈련실시부대에게 훈련개시 이전에 훈련통제계획에 따라 피·아 간의 최초 첩보사항을 하달하여 훈련상황을 조성하고, 훈련실시부대에서는 훈련이 개시되면 모든 훈련 상황이 실시간(real-time)으로 처리되며 부대이동, 장애물 구축 등은 실질적으로 부대가 행동하는 데 소요되는 시간이 경과 후에 명령이 실행되므로, 훈련진행에 따라 시간 사용계획과 후보계획에 의해 적절한 조치를 적시에 실시해야만 실전적인 훈련 진행이 가능하다. 따라서 통합전투수행체계에 입각하여 각 참모와 전장기능 간의 유기적인 협조하에 종합적인 상황조치가 이루어져야 하며, 훈련부대 지휘관 및 참모가 이러한 능력을 배양할 수 있도록 훈련통제요원에 의한 적절한 훈련통제가 이루어져야 한다. 특히 훈련 진행 간에는 훈련에 참여하는 모든 요원들이 규정된 절차와 교전규칙 등을 숙지하고 이를 적극적으로 준수하여야 효율적인 훈련 진행이 가능하다. 그리고 효율적인 훈련 성과 달성을 위하여 훈련 진행절차 및 문제점 등을 토의할 수 있도록 통제반 및 훈련실시반 대표자들로 구성된 협조회의를 계획하여 반영할 수도 있다.

3) 사후검토단계

전투지휘훈련이 종료된 후 훈련 전반에 대하여 강평을 실시하여 훈련부대의 차후 훈련 소요를 도출하는 단계로서, 사후검토반에서는 훈련준비단계로부터 훈련이 종료될 때까지 훈련부대 지휘관 및 참모와 참가요원들이 주요한 국면 발생 시 어떻게 대응하였고 조치하였는가에 대한 적절성 여부를 면밀히 검토하고 분석한다. 이러한 분석절차를 통하여 훈련의 성과 및 과오를 검토하고, 전술상황 조치의 적절성을 평가하게 되며, 적절한 교훈을 도출할 수 있다. 이렇게 도출된 교훈을 토대로 차후 부대 운용에 반영시키고, 새로운 훈련소요를 창출함으로써 부대 전투력 향상에 기여할 수 있게 된다.

(3) 훈련 간 유의사항

전투지휘훈련은 작전을 실시한 결과에 따라 전투에서 승리했느냐 실패했느냐에 대한 평가를 위한 훈련이 아니다. 다양하고 복잡한 전장상황에 대하여 지휘관 및 참모가 얼마나 효과적으로 대처하고 임무를 수행할 수 있는가 하는 부대지휘절차 숙달 훈련이다. 어떤 지역이 적의 돌파를 허용했다고 해서 그것이 잘못했다는 식의 평가는 불합리하며, 단지 상황이 조성되었을 때 지휘관 및 참모는 어떻게 상황을 판단하고 조치하는가가 중요한 것이다.

국방 시뮬레이션 모델에 의한 자동모의가 제한되는 사항은 훈련통제실에서 수동모의나 메시지를 통해 묘사한다. 따라서 훈련 간에는 이러한 모델의 운용에 신경을 쓸 것이 아니라, 건전하고 적시적절한 판단 및 결심을 위해 모든 노력을 경주하여야 한다. 훈련을 실시하는 지휘소는 전투모의반(BSC) 운용요원에게 무리한 요구를 해서는 안되며 전장상황을 신속·정확·진실되게 지휘소로 보고해야 한다. 또한 전술적인 판단과 지휘소 지시 없이 부대를 운용하거나, 모의 제한사항을 이용한 비전술적 행위 등은 훈련을 저해하는 행동으로 훈련에 참여하는 전투원으로서 통제규칙을 준수하고 전술적 조치를 해야 한다.

6.2 전투21모델 특성

6.1절에서는 전투지휘훈련의 기본적인 개념과 절차에 대하여 알아보았다. 현재 연대·대대급에서 지휘관 및 참모의 실전적 전투지휘능력을 향상시키기 위하여 활용되는 연대·대대급 전투지휘훈련용 모델인 『전투21모델』을 알아보고 국방 시뮬레이션 모델을 통해 진행되는 훈련 절차와 방법을 알아보고자 한다. 전투21모델은 연대 및 대대 전투지휘훈련용 모델로 현재 상비사 및 기보사 등에서 예하 연대 및 대대의 전투지휘훈련을 위해 사용하고, 학교기관에서도 교육용으로 사용하고 있다.

(1) 전투21모델 개발 배경

1990년대 초 기존의 지휘소훈련(CPX) 및 야외기동훈련(FTX)의 제한사항을 보완할 목적으로 1980년대 말 미 2사단이 보유한 ARTBASS(Army Training Battle Simulation System)을 목표모델로 「대대전술기」를 개발하였다. 그러나 한국군의 실정에 맞지 않고 야전부대의 요구사항을 수렴하는 데 한계가 있었으며, 연대급 훈련을 위한 별도의 모델을 운용하여 훈련소요 및 지휘 부담이 증가하는 등 많은 문제점이 있었다. 이러한 소부대 전투지휘훈련 모델의 제반 문제점을 해소하고, 연대 및 대대까지의 단일·다제대 동시훈련이 가능하도록 개발된 모델이 『전투21모델』이다. 1997년 연대 및 대대급 통합모델 발전계획에 따라 개발에 착수하여, 2000년에 한국적 작전환경 묘사가 가능한 상황도 체계를 구축하고 한국군의 작전특성에 적합한 모의논리를 적용한 대대급 『전투21모델』을 개발하여 기존의 「대대전술기」를 대체하였다. 2001년부터 시스템 및 연대급 모의기능 확장, 연대 및 대대 통합훈련 기능 구현, 위성영상을 이용한 3차원 상황도 개발, 지원모델 보완 등 연대 및 대대의 통합된 전투지휘훈련 지원이 가능토록 개발하여 2003년부터 「연대전술기」를 대체하였다.

　『전투21모델』은 육군의 상비사단, 동원사단, 기계화사단, 보병/기갑여단, 보병/기계화학교, 육군사관학교 등의 부대 및 학교 기관에 보급되어 운용되고 있으며, 타군에서는 해병대사령부 예하 해병 사·여단에서 전투지휘훈련 시 활용하고 있다.

(2) 전투21모델 운용 개념 및 현황

『전투21모델』은 연대급 이하 제대 지휘관 및 참모훈련에 효과적으로 활용 가능한 국방 시뮬레이션 모델로서 사(여)단에는 연대·대대급 전투지휘훈련이 가능한 전투21모델의 한 세트로 구성된 훈련장이 갖추어져 있어, 사(여)단장 책임 하에 자체 평가단을 구성하여 운용한다. 전투21모델을 활용한 전투지휘훈련은 보병, 기계화보병, 전차 연대 및 대대급 부대를 대상으로 훈련을 실시하며, 지원 및 배속부대도 훈련준비단계에서부터 종료 시까지 훈련에 참가한다. 육군 부대훈련규정 및 군사령부 지침에 따라 훈련대상부대는 사(여)단 계획에 의해 연 1회 이상 연대 전투단훈련(RCT), 대대 전술종합훈련(ATT)과 야외기동훈련(FTX)을 실시하기 전에 2박 3일 동안 실시하며, 부대 여건상 연 1회 이상 실시가 불가능한 경우는 지휘관 재임기간 중 최소 1회 이상 실시해야 한다. 전투지휘훈련은 지휘소와 전투모의반(BSC)을 별도로 구성하여 실시하며, 지휘소에는 지휘관과 참모 및 관계요원(지원/배속부대장)들이 위치하여 전술상황하에서의 지휘소 임무를 수행하고, 전투모의실에는 통제반, 청군반, 대항군반, 상급대응반 등 모의반을 편성하여 실시간으로 훈련을 진행한다.

6.2.1 전투21모델 소개

(1) 모델 특성

『전투21모델』 시스템은 기본적으로 서버와 클라이언트(PC)로 구성되며 훈련제대 수준에 따라 클라이언트 수를 조정하여 활용한다. 서버와 클라이언트는 다수의 프로그램으로 구성되어 있지만, 수행하는 기능에 따라 모의 엔진, 시나리오/지형편집, 전투실시/선임통제/사후검토반 프로그램으로 구분할 수 있으며 전체적인 구조는 다음과 같다.

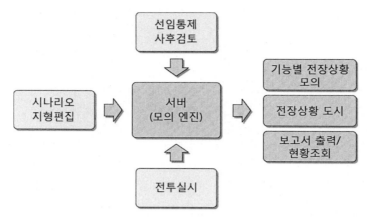

▌그림 6.3 전투21모델 SW 구성

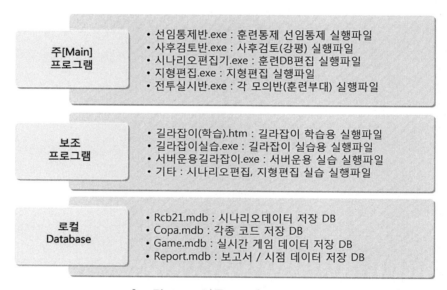

주[Main] 프로그램	• 선임통제반.exe : 훈련통제 선임통제 실행파일 • 사후검토반.exe : 사후검토(강평) 실행파일 • 시나리오편집기.exe : 훈련DB편집 실행파일 • 지형편집.exe : 지형편집 실행파일 • 전투실시반.exe : 각 모의반(훈련부대) 실행파일
보조 프로그램	• 길라잡이(학습).htm : 길라잡이 학습용 실행파일 • 길라잡이실습.exe : 길라잡이 실습용 실행파일 • 서버운용길라잡이.exe : 서버운용 실습 실행파일 • 기타 : 시나리오편집, 지형편집 실습 실행파일
로컬 Database	• Rcb21.mdb : 시나리오데이터 저장 DB • Copa.mdb : 각종 코드 저장 DB • Game.mdb : 실시간 게임 데이터 저장 DB • Report.mdb : 보고서 / 시점 데이터 저장 DB

▌그림 6.4 전투21모델 주요 내용

1) 모델 화면 구성

전투21모델 화면(상황도)은 그림 6.5와 같이 훈련진행을 위한 전장상황 도식 및 모든 부대명령 입력을 위한 바탕이 되는 기본 인터페이스를 의미하며, 연대급 이하 전투지 휘훈련에 맞게 보다 상세한 전장상황을 제공한다. 그림 6.6은 전투21모델 상황도의 세부 기능에 대한 모형이다. 상황도는 합동군대부호로 도시되어, 적군은 적색 마름모로, 아군은 청색 직사각형의 단대호로 표시되며 단대호 내부의 채움 정도는 전투력을 의미한다. 단대호의 지향방향 화살표는 색깔별로 이동(노란색), 공격(흰색), 철수(검정색), 방어

(녹색)를 나타내며 단대호 내부의 채움색깔별로 교전(흰색), 자동교전(회색), 수동교전(노란색)상태를 확인할 수 있다.

▌그림 6.5   전투21모델 상황도 화면

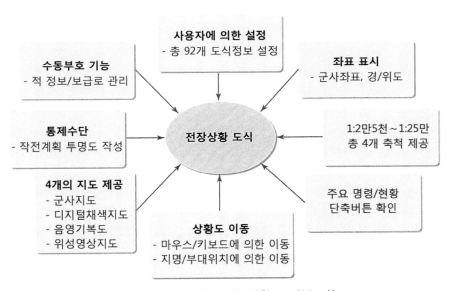

▌그림 6.6   전투21모델 상황도 세부 기능

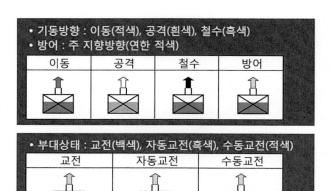

이동	공격	철수	방어

• 기동방향 : 이동(적색), 공격(흰색), 철수(흑색)
• 방어 : 주 지향방향(연한 적색)

• 부대상태 : 교전(백색), 자동교전(흑색), 수동교전(적색)

교전	자동교전	수동교전

┃그림 6.7 부대정보 확인방법

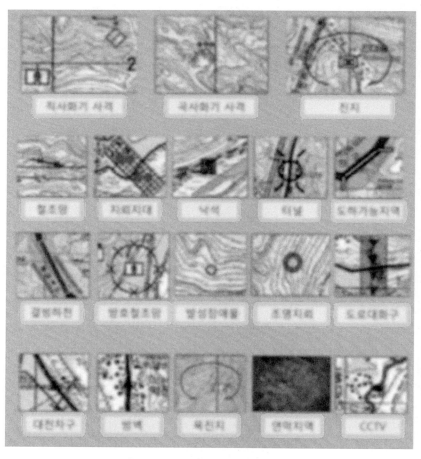

┃그림 6.8 상황도 전시 정보

(2) 모의 수준 및 범위

전투21모델의 주요 모의 수준은 표 6.2와 같으며, 모의 범위는 전장기능에 따라 지휘통제/통신, 정보, 기동, 화력, 방호, 작전지속지원으로 구분되며, 훈련진행 간에는 선임통제 기능을 통해 훈련을 통제하고, 훈련종료 후에는 사후검토 기능을 통해 사후강평을 진행한다. 또한 훈련진행 간 입력되는 명령과 처리된 결과는 상황도를 통해 전시된다.

▌표 6.2 전투21모델 모의 수준 및 능력

구분	구성
운용 부대수	• 1,000개 이상
묘사 단위	• 개별화기~사단 규모
모의 기능	• 20개 세부전장기능, 161개 명령
사후검토	• 별도 프로그램
지형묘사	• 한반도 전지역 15개 속성자료 • 5종의 지형정보(디지털 지형정보 포함) 사용 * 군사, 채색, 음영기복, 2/3차원 위성영상
기타	• 쌍방훈련 및 연대훈련 가능

1) 지휘통제/통신

지휘통제는 지휘관의 상황판단, 명령의 하달, 필요한 첩보의 수집 및 전파 등을 포함하여 지휘/통제 및 통신시설의 운용과 예·배속부대에 대한 통제기능을 수행하며, 통신은 지휘통제를 수행하는 첩보/정보의 전파와 명령/지시를 하달하는 기능으로 제대별, 기능별 전투력을 유기적으로 연결시키는 역할을 수행한다. 지휘통제/통신 분야의 모의 대상에는 지휘반응 시간과 지휘관계 구성 및 변경, 통신 기능 마비, 통신 불가 지역 모의, 통신 중계소 운용, 기갑/기계화 부대 통신 등이 포함된다.

2) 정보

정보 분야 모의 범위는 적 및 작전환경에 관한 첩보를 수집하고 분석/처리하여 정확한 정보를 관련 지휘관 및 참모에게 적시적으로 제공함으로써 전장의 불확실성을 최소화할 수 있는 기능인 전장정보 분석과 첩보획득/제공으로 구분하여 모의한다.

기상은 작전활동에 큰 영향을 미치는 요소로서 월광, 결빙, 기온, 시계, 습도, 일출/일몰시간, 풍향/풍속, 월출/월몰시간, 강우, 적설, 운고, BMNT/EENT 등을 입력 가능하며, 기상변화에 따른 첩보획득과 기동, 사격, 화생방 작전, 항공기 운용 등 부대활동에 대한 영향을 반영한다. 상황도/지형은 한반도 전 지역에 대해 군사지도, 음영기복도,

채색지도 3종에 대해 4개 축척(2만5천, 5만, 10만, 25만)의 디지털 지도를 구축하여 내장하였고, 고도자료는 30×30m 단위로 지형 평균 고도를 입력해서 이를 이용하여 가시선(LOS), 지형단면도, 기동로 분석이 가능하며, 지형속성은 각 방안별로 지형속성정보를 구분하여 표현하며 부대이동 및 탐지활동 등에 영향을 미친다.

첩보수집/획득은 육안관측, 관측소 운용, 열상장비와 같은 관측용 광학장비(TOD, RASIT)를 모의하며, 기타 부대 정찰, 항공 정찰, 위장 등을 반영한다. 부대의 탐지여부는 탐지부대의 규모와 탐지자산 보유현황, 부대위치 그리고 피탐지 부대의 부대활동 및 임무 등 수많은 변수들과 환경요인에 따라서 결정된다. 그러나 이러한 모든 변수를 모의하기에는 어려움이 있기 때문에 피탐지 부대의 상태, 임무, 지형속성과 거리에 따른 탐지확률을 단순화하여 반영한다.

3) 기동

기동이란 전투 시 부대임무수행과 관련하여 부대를 전술적으로 이동시키거나 교전행위 등을 통하여 적보다 상대적으로 유리한 위치에 부대 및 화력, 물자 등을 위치시키기 위하여 실시하는 일련의 행동을 말한다.

기동 모의 분야에서는 행정적 이동 및 전술적 부대이동과 이에 영향을 미치는 장애물 운용, 소부대 전투행동 등의 전술적 작전형태와 청군, 대항군 간의 근접전투 교전 등을 모의하여 전투효과가 산출 및 반영되도록 묘사한다. 또한 이러한 전술작전을 수행하기 위해 필요한 장비, 탄약, 유류 등의 자원소모를 반영하고 이러한 요소들이 전투력에 미치는 영향을 반영한다.

부대이동은 이동 관련 명령(부대이동, 공격, 철수, 침투 부대 운용, 포병진지변환, 공병임무 수행)을 수령한 부대의 전투력수준, 승·하차여부, 지형조건, 기상상태, 교전상태, 작전형태, 장애물, 오염여부, 하천속성 등 이동에 관련된 상황을 평가하여 이동속도를 산출한다. 부대이동은 부대가 이동하는 지역의 지형속성 및 경사도, 기상 및 가시상태, 부대유형 및 작전형태, 도로이동 시 교통 혼잡, 적 활동 등에 영향을 받는다.

교전이란 적과의 접촉상태에서 공격행동을 취하는 전투행위를 말하며, 간접사격, 직접사격, 근접전투 등으로 구분된다. 해당 부대에서 보유한 직사화기의 최대 사거리 내에 적 부대가 탐지된 경우 해당 화기 최소 제대 단위(화기단위)로 직접사격을 실시하는 원거리 직접사격과 적 부대와 거리가 400m 이내인 경우 교전을 수행하는 근접전투로 모의된다. 근접전투 시 자동교전을 선택할 경우 교전수행 방법에 따라 주간 250m, 야간 100m 이내에서 적 부대가 탐지되면 자동교전을 수행하고 수동교전을 선택하면 400m 이내에서 근접전투 조건이 충족될 때 실시자의 근접전투 명령에 의해 수행되는 것으로 구분한다. 피·아 교전 부대 수에 따라 1 : 1, 1 : 多, 多 : 多 부대 간의 전투로 구분된다.

피해평가는 무기효과지수/요소별 가중치와 직접사격 및 간접사격에 따른 피해를 계산하는 란체스터 소모방정식을 적용한다. 피해평가는 화기 단위 교전 시 평가와 부대 단위 교전 시 평가를 상이하게 적용하며, 화기 단위 교전은 화기별 명중률과 파괴율을 적용하여 평가하고 부대 단위 교전 시에는 란체스터 피해계수를 이용하여 평가한다.

4) 화력

화력은 화포를 운용하여 적의 인원과 장비를 격멸 및 무력화시키고 아군의 기동을 지원하며, 적의 기동을 방해 또는 저지하는 활동으로서, 박격포를 포함한 포병화기에 대한 화력계획 수립을 위한 표적생성 절차와 표적관리, 사격명령 하달과 임기표적 및 계획표적에 대한 사격임무 수행 절차, 화학탄 및 조명탄, 살포지뢰탄 등 특수탄 사격과 사격결과에 대한 피해평가, 통제보급률(CSR)에 의한 사격통제 및 소모현황 정리, 그리고 관측대대의 TPQ-36/37 대포병 레이더 및 전방관측소 운용을 통한 표적획득 절차와 획득된 표적에 대한 관리절차에 관한 사항을 모의한다.

승수, 사격화기별 탄종별 손실계수, 피해지역 내 표적수, 포대 사격 임무수에 따라 산출되며, 합동무기효과제원표(JMEM; Joint Munitions Effectiveness Manual)를 근거로 인원과 장비로 구분하여 피해결과를 산출한다.

5) 공병

가) 진지구축

개인 및 부대의 생존성 보장을 위해서 수행되는 전투진지 구축을 모의한 것으로서 주로 공병의 임무수행결과에 의해서 이루어진다. 전투진지는 개인전투진지, 화기진지, 차량/장비진지로 구분되며 진지강도를 3단계(급조진지, 정밀진지, 엄체화된 진지)로 구분 모의한다.

나) 장애물 운용

대인장애물(지뢰, 철조망, 도섭 불가능한 하천 등), 대전차장애물(지뢰, 낙석, 도로대화구, 대전차방벽 등)과 같이 기동에 영향을 미치는 각종 장애물을 설치, 운용, 제거하는 절차를 모의하고 장애물이 작전에 미치는 영향을 묘사한다.

6) 항공

육군항공은 회전익항공기(헬기)를 이용한 항공임무 수행을 의미하며, 임무 형태별 기종에 따라 공중이동, 육군항공 화력지원, 육군항공 정찰 등의 임무를 모의한다.

7) 방공

사단 이하 제대에서 직접 운용되는 방공화기가 제한되어 있는 점을 고려하여 방공 분야 평가는 근접항공지원, 항공정찰, 공격 및 강습헬기 운용을 모의하면서 동시에 평가한다.

8) 화학

화생방전에서 포병 화학탄 사격에 의한 화학작전과 연막운용에 대해서만 제한적으로 모의하였다. 화학작전은 투발수단에 따른 오염범위와 오염지속시간, 임무형 보호태세(MOPP)에 따른 작전수행 제한 및 피해평가, 제독소 운용 및 오염부대의 인원에 대한 제독절차와 임무수행 시간지연, 정찰활동 등을 모의하고, 연막은 포병 연막탄 사격과 연막통 및 발연기 운용에 따른 시계제한이 작전에 미치는 영향을 반영한다.

9) 작전지속지원

작전지속지원이란 작전 중인 부대에 제공되는 제반 지원기능으로 크게 인사, 군수 및 수송 분야로 구분하여 모의하며 야전치중대와 전투치중대운용을 모의한다. 인사 분야에서 부대별 병력현황은 신분별, 계급별, 특기별로 유지하고, 전투 및 비전투 손실 병력의 종별 손실판단 결과를 제공하며, 부상자 후송 및 전투복귀와 병력보충절차를 모의한다.

　정비 분야에서 교전결과 발생한 피해 장비에 대한 분류를 경파, 중(中)파, 중(重)파, 완파로 구분하고, 파손 및 고장장비에 대해서 대상 장비의 유형과 파손 정도에 따라 단계별 정비지침에 의거 정비를 수행하도록 모의한다.

(3) 실전과 모의의 차이점

전투21모델에서 이루어지는 모의와 실전에서의 주요 차이점은 표 6.3과 같다.

┃ 표 6.3 전투21모델 모의와 실전의 차이점

실전	모의
• 불확실한 상황에서 판단 / 결심	• 계량화 자료에 의한 판단 / 결심
• 전술적 지휘관계 설정	• 동일한 지휘관계 적용
• 시호, 음향통신 활용	• 시호, 음향통신 활용 적용
• 전투력 운용 시 무형요소 반영	• 무형요소 미반영
• 포로, 민간인을 통한 첩보수집	• 첩보수집 불가
• 오인사격으로 우군 피해 발생	• 오인사격 없음
• 현지획득 자재로 장애물 설치	• 획득자재로 장애물 설치 불가
• 공역통제 미준수 시 우군 간 피해 발생	• 우군 간 피해 미발생
• 1개 포병 다수표적 / 탄종 사격	• 단일 표적 / 탄종사격
• 탄약 보유 시 CSR 초과 사용 가능	• CSR 초과 사용 제한
• 사격임무 수행간 적 특작부대 타격 시에도 사격임무 가능	• 사격임무 불가
• 사격에 의한 화재, 소음 발생	• 화재, 소음 미발생
• 인원, 장비, 시설에 대한 위장	• 지휘소, 차량, 포진지만 위장
• 전투력 / 피해현황 파악 제한	• 전투 피해판정 용이
• 실시간 전투피해 원인 식별 가능	• 피해원인 식별 제한
• 전장공항, 피난민에 의한 영향	• 모의 불가

6.2.2 훈련 시스템 구성, 편성 및 임무

(1) 훈련 시스템 구성

『전투21모델』 시스템은 훈련 제대에 따라 구성의 차이가 있으나 기본적으로 다음과 같이 크게 서버와 클라이언트(PC)로 구성된다. 근거리통신망(LAN)으로 구성하여 운용하며 모의반은 훈련에 따라 조정이 가능하다. 그림 6.9는 연대전투훈련을 위한 전투21모델의 전형적인 시스템 구성을 보여준다.

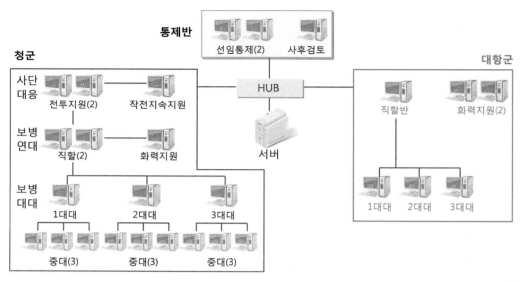

┃그림 6.9 전투21모델 시스템 구성(연대 전투지휘훈련)

(2) 훈련 편성 및 임무

1) 평가단

평가단은 훈련개시 3개월 전 군단장/사(여)단장으로부터 훈련지침을 수령하여 훈련계획을 수립/하달하고 평가계획을 작성하며, 훈련요원들에 대한 모델 운용 교육 및 DB 작성요령 등을 교육한다. 통상 연대평가 시에는 군단 교훈참모, 대대평가 시에는 사(여)단 교훈참모가 평가단장이 되며 별도의 기구를 구성하지 않고 참모부 요원들에 의해 평가단 임무를 수행한다. 평가단의 편성과 수행하는 임무는 부대유형 및 지휘관 특성에 따라 부대 자체 내규로 발전시켜나가는 것이 바람직하다.

2) 준비단

준비단은 훈련부대 지휘관이 단장이 되어 실시단이 구성될 때까지 최소한의 필수요원을 임명하여 상급지휘관으로부터 부여받은 훈련지침을 구현하기 위한 연구와 자체계획을 발전시킨다. 그러나 훈련준비기간 및 부대임무를 고려하여 별도의 준비단을 구성하지 않고, 지휘관이 정보, 작전, 화력, 전투근무지원 등 관계관에게 임무를 부여하여 훈련을 준비할 수도 있다.

3) 통제단

통상 부사(여)단장을 단장으로 임명하여 훈련 전반에 대한 통제 및 감독을 하도록 한다. 통제단은 훈련실시 1~2주 전에 편성하여 훈련준비단계에서는 세부 훈련통제 및 평가계획을 수립하고 훈련시나리오를 작성하며, 훈련부대의 훈련준비사항을 점검한다. 훈련실시단계에서는 훈련목표달성과 원활한 훈련진행을 위해 전반적인 훈련통제, 상급/인접부대 역할수행, 대항군 운용 및 모델 운용을 위한 기술적 지원임무를 수행하고, 사후검토 단계에서는 훈련결과에 대한 강평을 실시한다.

통제단 구성은 선임통제반과 사후검토/관찰반, 대항군반, 기술지원반으로 구분하여 편성하며 사후검토/관찰반은 부대 실정에 따라 별도로 편성하지 않고 선임통제반에서 수행할 수도 있다.

가) 선임통제반

통상 평가단 요원 및 참모부에서 차출한 요원으로 편성되며, 훈련의 전반적인 통제와 원활한 진행을 위해서 운용된다. 특히 선임통제장비 및 메뉴를 활용하여 정보조성 및 특별명령을 수행함으로써 효과적인 훈련통제가 가능토록 상황을 유도한다. 선임통제반은 청군·대항군의 기동반이 사용하는 입·출력 명령의 운용은 불가하나 명령하달시간 및 지연시간이 반영되지 않는 특별명령을 사용하여 훈련목적 달성을 위한 상황을 부여하거나 유도할 수 있다.

나) 사후검토/관찰반

훈련을 통제하는 2단계 상급부대의 관련 참모부 요원으로 편성하는 것이 원칙이나 부대 실정에 따라 차기 훈련부대의 지원을 받아 편성할 수도 있고 선임통제반에서 통합하여 운용할 수도 있다.

훈련준비단계에서부터 사후검토를 위한 계획을 수립하고 훈련 전 과정에 걸쳐 주요 국면별로 사후검토용 자료를 수집하고 훈련 진행 과정과 훈련부대 조치사항 등을 관찰토록 하며, 사후검토 시 수집된 자료를 활용하여 강평 자료를 작성한다.

다) 대항군반

가능하면 적 전술에 능통한 장교 및 하사관으로 전문 대항군을 편성하되 적 전술에 입각하여 직할반, 화력지원반(2개반)과 기동반(3개반)으로 구분하여 운용한다. 북한군 전투서열에 따른 DB를 작성하며 상급 및 인접부대 임무도 병행하여 수행한다.

라) 기술지원반

전산장교 및 전산병으로 편성하는 것이 원칙이나 야전부대 상황을 고려하여 운용자 교육간 시스템 운용교육과정을 이수한 인원에 의해 운용도 가능하다. 기술지원반은 훈련 중 시스템 운용을 지원하고, 장비 이상 발생 시 즉각 응급조치 및 원인을 분석한다. 평상시는 장비관리 및 DB구축 등 훈련자료와 모델을 관리한다.

4) 실시단

실시단은 전투지휘훈련에 참가하는 훈련부대와 지원부대의 모든 관계요원으로 구성되며, 『전투21모델』을 이용하여 직접 전투상황을 모의하는 청군모의반으로 편성된다.

가) 상급대응반

훈련부대의 1차 상급부대 참모부에서 차출한 요원으로 편성되어 상급 및 인접부대 임무를 수행한다. 상급대응반은 청군실시반의 부대진출에 따른 인접부대의 적절한 운용과 청군지휘소의 지원 요청사항을 전술교리의 타당성과 적시성 등을 고려하여 조치해 주고 훈련부대를 지원하는 상급부대 가용화력인 포병화력, 항공자산 등을 운용하며, 지휘소로부터 접수되는 화력지원/전투근무지원 요청 임무를 처리한다.

나) 지휘소

지휘관 및 참모, 직할부대장, 지원 및 배속부대장과 기타 훈련 관계요원이 위치하여 각종 작전계획을 수립하고 전술적 결심수립 절차에 의한 상황처리를 통하여 지휘관/참모 활동 절차를 숙달하며, 통합화력계획 작성 및 화력할당 등 임무를 수행한다.

다) 연대직할반/화력지원반

지원/배속부대를 포함하여 연대장이 직접 운용 가능한 지원/배속부대 지휘자와 전투치 중대 요원이 편성되어 운용하고 인원, 장비, 보급품 보충 등과 관련한 전투근무지원과 전투지원사항을 모의하며, 화력지원반은 지원/배속 화기를 포함하여 연대장이 직접 운용 가능한 화기부대의 지휘자와 전투지원 중대장이 편성되어 화력을 운용하고 지원하는 임무를 수행한다.

라) 대대직할반

지원/배속부대를 포함하여 대대장이 직접 운용 가능한 지원/배속부대 지휘자와 중화기 중대장, 예비중대장이 편성되어 전투근무지원, 전투지원, 화력운용, 예비대 등의 임무를 수행한다.

마) 기동반

훈련대대 예하 중대로서 대대별 3개반으로 구성되어 있다. 각 반은 중대장과 소대장, 포병관측장교(FO), 박격포 관측수 및 배속화기 지휘자로 편성되며, 실제기동과 화력을 이용한 전투행위와 관련사항을 모의한다. 지휘소에서 하달된 명령을 수행하고, 기동반 내에 설치된 PC의 상황도 상에서 발생하는 상황을 신속하게 대대지휘소에 보고하며, 중대장 결심사항 외에는 대대장에게 보고한 후 조치를 받아 처리한다. 대대 단독 훈련의 경우 가용한 PC 수량을 고려하여 모의반을 편성할 수 있다.

6.3 전투21모델 운용 절차

전체적인 훈련준비, 훈련실시, 사후검토의 단계는 6.1절에서 설명한 전투지휘훈련 절차와 동일하다. 다만 운용부대 규모와 모의반 편성이 소규모이고, 연대·대대급 훈련부대 규모에 따라 모의내용이 상이하게 적용되는 특징이 있다.

국방 시뮬레이션 모델을 활용한 보편적인 훈련절차는 지휘소에서 지휘 및 참모활동 절차에 의해 결정된 조치사항을 훈련실시반에 지시하고, 훈련실시반에서는 모의반용 PC를 통해 모델에 입력시킨다. 모델에서는 입력된 값과 모의논리에 의거 대항군과 전투를 수행하며, 그 결과를 다시 출력보고서 및 메시지, PC의 상황도 등을 통해 모의반에 제공한다. 모의반의 게이머는 모델에서 모의된 결과를 확인하여 지휘소에 보고하고, 지휘소에서는 모의되는 상황에 대해 지휘 및 참모활동 절차를 통해 상황조치를 실시하는 반복된 과정이 훈련체계의 일반적인 과정이다. 이러한 과정에서 훈련부대에서 해결이 불가능하거나 상급부대의 조치가 요망되는 상황을 해결하도록 상급대응반을 구성하고 선임통제반에 의해 중립적 위치에서 훈련을 진행하도록 하며 관찰반 또는 평가단 요원에 의해 관찰, 분석한 내용을 훈련 후 강평함으로써 연대(대대)급 지휘관 및 참모들의 활동절차를 숙달시켜 전투지휘능력을 배양할 수 있다.

(1) 훈련준비단계

훈련준비단계에서는 시나리오(훈련 DB)를 작성하고 지형(훈련지역)을 편집한다. 전체적인 훈련준비, 훈련실시, 사후검토의 단계는 6.1절에서 설명한 소부대전투훈련 모델과 동일하다. 다만 운용부대 규모와 모의반 편성이 연대·대대급 훈련부대이기 때문에 모의내용이 상이하게 적용되는 특징이 있다. 시나리오는 시나리오 편집 프로그램을 통해 구축된다. 그림 6.10에 시나리오 작성 절차가 나타나 있다. 우선 새로운 시나리오가 생성되면 시나리오 환경구축을 위해 훈련지역의 좌표와 훈련의 유형 및 규모가 설정되고, 모의반이 구성된다. 또한 기상과 진지 현황, 헬기편대 현황 및 보충자산 현황이 작성된다. 이후 훈련부대의 세부현황 작성 시 기준이 되는 편제판이 작성된다. 이어서 훈련부대가 구성되고 배치되며 각종 공병구조물이 구축 또는 제거된다. 시나리오는 검증과정을 거쳐 저장되고, 이를 바탕으로 작전투명도가 작성된다.

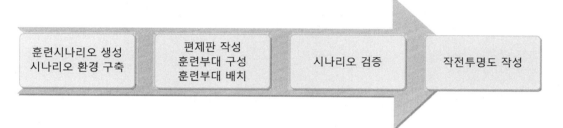

▌그림 6.10   시나리오(훈련DB) 작성 절차

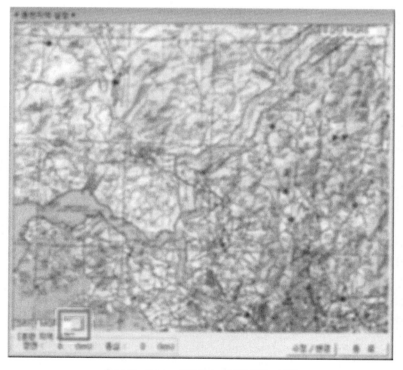

▌그림 6.11   전투21 훈련지역 설정

1) 훈련지역 설정

시나리오의 훈련지역(play box)은 그림 6.11처럼 '시나리오 환경 – 훈련지역 설정' 메뉴에서 훈련지역의 좌하단 및 우상단 좌표(MGRS)를 입력하여 설정한다. 입력된 좌표의 오류 여부가 확인된 후 훈련지역의 정면과 종심이 계산되어 나타난다. 최대 정면과 종심은 각각 80km/60km이다.

2) 훈련 유형/규모/모의반 설정

'시나리오 환경 – 훈련 유형/규모 및 모의반' 기능을 통하여 그림 6.12처럼 훈련의 유형과 규모 및 훈련 모의반을 구성할 수 있다. 전투지휘훈련을 선택한 경우 일방 전투지휘훈련과 쌍방 전투지휘훈련 중 선택한다. 교전심판훈련을 선택한 경우에는 쌍방 전투지휘훈련으로 자동 선택된다. 쌍방 전투지휘훈련의 경우 홍군은 청군과 동일 장비가 편제된다. 훈련 규모는 연대규모훈련과 대대규모훈련 중 선택한다. 훈련 모의반은 최대 100개까지 구성 가능하며 '기본 모의반 구성'을 통하여 선택된 훈련 규모에 따른 기본적인 모의반 현황이 제공된다.

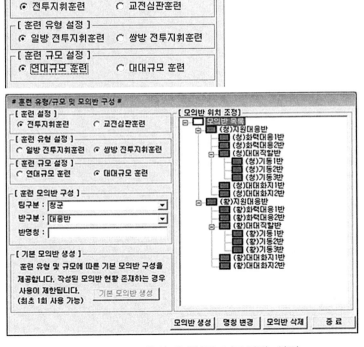

▌그림 6.12 훈련 유형/규모/모의반 설정

3) 훈련 기상 설정

'시나리오 환경–훈련 기상' 기능을 통하여 시나리오의 기상현황을 입력한다. 설정된 기상현황은 훈련 간 모델에 적용된다. 풍향 및 풍속은 화학작용에 영향을 주며, 운고는 항공기의 운항과 관련된다. BMNT 및 EENT는 탐지활동에 영향을 준다. 맑은 가을날의 기상현황이 초기값으로 제공되며 훈련 목적에 맞게 수정하여 사용한다.

4) 항공대기지점 및 헬기편대 현황 설정

'시나리오 환경–항공 현황–항공대기지점' 기능을 통하여 시나리오의 항공진지정보를 편집한다. 항공진지는 항공기 및 헬기 출격 시 적용되는 시작 위치 정보이다. 항공대기지점을 입력하지 않을 경우 훈련지역의 우상단, 좌하단으로 자동 입력된다. '시나리오 환경–항공 현황–헬기편대 현황' 기능을 이용하여 훈련 간 동격헬기 운용 시 적용할 헬기편대 정보를 수정할 수 있다. 팀별로 최대 5개 편대 현황을 작성할 수 있으며, 1개 편대는 최대 5가지 기종의 헬기를 편성할 수 있다. 각각의 헬기는 최대 3가지 형태의 무장이 장착 가능하다.

5) 보충자산 현황

훈련 간 작전지속지원 기능을 수행하기 위해 필요한 보충자산 현황을 작성하는 기능으로 '시나리오 환경–보충자산 현황' 기능을 통하여 편집한다. 팀별로 구분하여 작성되며, 연대급 규모 훈련에서는 사단 이상 제대의 자산이 입력 가능하며, 대대 규모 훈련에서는 연대 이상 제대 자산이 입력 가능하다. 장비 현황 편집 시 기갑화기, 차량장비는 편집이 불가능하기 때문에 관리전환으로 보급해야 한다.

6) 편제판 작성

훈련 간 운용될 훈련부대를 생성하는데 기본이 되는 편제판을 생성 및 편집하는 기능으로 '편제판–편제판 현황' 기능을 통하여 그림 6.13처럼 기본정보 및 부대 편제표에 따른 병력 현황, 보급품 현황, 시설자산 현황을 편집할 수 있다. '생성' 기능을 통하여 병력, 장비, 보급품, 시설자산 현황을 편집할 수 있다. '편제판–편제판 조합' 기능을 이용하여 이미 작성된 편제판을 조합하여 새로운 편제판을 생성할 수도 있으며, '팀 간 편제판 복사' 기능을 이용하면 현재 시나리오의 편제를 참조하여 타 시나리오의 편제를 복사할 수 있다. '편제판의 장비 현황'은 '편제판–편제판 검증' 기능을 통하여 검증할 수 있다. 편제의 병력 및 유류 현황을 참조하여 장비의 가용여부와 승차 장비를 보유한 편제판의 인원탑승 가능여부를 미리 확인할 수 있는 기능이다.

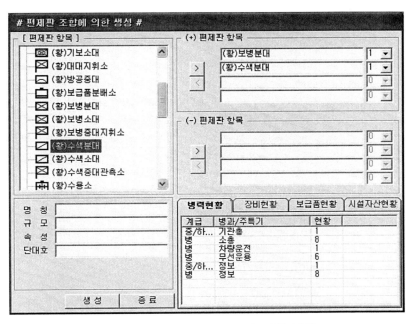

┃그림 6.13 편제판 조합에 의한 생성

7) 훈련부대 작성

훈련 간 운용될 훈련부대를 생성하는 기능으로 기본정보 및 병력 현황, 장비 현황, 보급품 현황, 시설자산 현황을 편집한다. '훈련부대－훈련부대 현황' 기능을 통해 기본현황을 편집한 후에 생성 버튼을 선택하여 작성한다. 각 모의반별 최상위 부대를 하나로 구성하여 트리형태로 작성하며, 세부 현황은 작성된 편제판을 조합하여 생성한다.

8) 부대배치

작성된 훈련부대는 훈련지역에 배치한다. 훈련부대 기본 현황 생성 시 부대위치를 입력하여 부대를 배치할 수 있으며, 부대목록에서 부대를 선택한 후 좌표입력창에 입력하여 배치할 수 있고, 화면 좌측 부대 선택 후 지도 화면을 클릭하여 배치할 수도 있다. 배치된 부대의 팀별, 모의반별 위치는 조정이 가능하고, 상황 조성을 위한 공병 구조물의 설치도 가능하다.

9) 지형 편집

지형 편집 전투21모델의 지형 편집기를 통해 가능하며 지상무기효과분석모델의 지형 편집기능과 유사한 기능을 제공한다. 구체적인 편집방법은 '교육참고 8-7-14 전투21모델 사용자지침서'를 참고하기 바란다.

(2) 훈련실시단계(훈련진행 절차)

훈련통제부대 지휘관인 사(여)단장의 훈련지침에 따라 통제단에서 훈련대상부대에 단편명령을 통해 전투력 할당 및 필요한 정보를 제공하는 등 훈련을 위한 상황 조성으로부터 실질적인 훈련이 개시된다.

　지휘관은 최초 조성된 상황을 기초로 지휘관 및 참모활동 절차를 통하여 최초 작전계획을 발전시키고, 부대 운용 계획을 확정하며 예하부대 지휘관(중대장)들로 하여금 전투준비를 위한 최종 점검을 지시하게 된다. 일단 훈련이 개시되면 지휘소에서는 지휘관을 포함한 지휘소 요원들이 최초 작성된 작전계획과 전개되는 전술상황에 따라 지휘 및 참모활동 절차를 수행하여 적절한 상황조치 명령을 하달하게 되며, 예하부대로부터의 보고를 통하여 작전경과를 수시로 파악하면서 자신이 수행한 임무결과를 상급 대응반에 보고하고, 임무수행에 소요되는 추가적인 정보 및 전투력 할당을 건의하기도 한다.

　청군기동반을 구성하는 각 중대에서는 대대 작전명령을 기초로 해당 중대의 작전계획을 발전시켜 명령을 입력하게 된다. 명령이 입력되면 모델에서는 전술상황을 모의논리에 의거 모의하게 되고 그 상황을 메시지, 상황도, 보고서 등의 출력 기능을 통하여 청군의 각 반에 제공해 준다. 모델에서 제공된 모의결과를 토대로 청군 각 반에서는 해당 부대 상황을 지휘소에 보고하게 되고, 지휘소에서는 실시반에서 보고된 상황을 토대로 지휘관과 참모가 지휘절차에 의거 판단 및 조치를 하는 일련의 과정을 반복하면서 훈련이 진행된다.

　대항군 역시 청군과 동일한 절차로 훈련이 진행되나, 대항군 지휘소가 별도로 편성되어 있지 않으므로 선임통제반을 상급부대로 간주하여 필요한 상황을 보고하고 조치를 받는다. 그러나 대항군반은 적 전술에 능통한 전문 대항군 운용을 전제로 할 때에는 대항군반 자체에서 모든 상황을 조치하도록 권한을 위임받을 수도 있다. 『전투21모델』을 활용한 전투지휘훈련 진행 절차는 그림 6.14와 같다.

　이러한 훈련 진행과정에서 특히 중요한 사항은 모델에서 제공되는 다양한 전장상황 파악 기능을 충분히 활용하여 지속적인 상황보고가 이루어져야만 훈련대상인 지휘소 구성요원들의 훈련진행이 가능하다는 점이다. 이러한 상황보고와 명령하달이 체계적으로 이루어지지 않을 경우 국방 시뮬레이션 모델을 활용한 훈련은 자칫하면 전투상황을 모의하는 청군/대항군반 요원들의 훈련으로 목적이 전도되거나 단순한 전자오락 게임으로 오용될 위험성도 배제할 수 없기 때문이다.

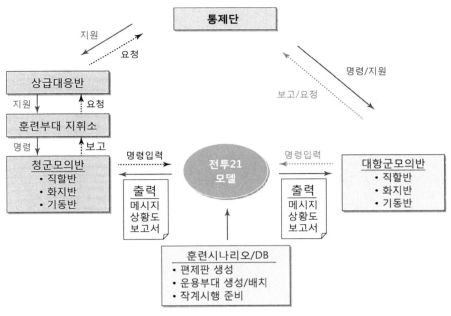

┃그림 6.14   전투지휘훈련 진행 절차

(3) 훈련실시단계(상황처리 절차)

훈련진행 간 지휘소, 훈련실시반, 통제반 사이에서 부단한 전술 상황조치가 실시간에 반복되면서 복합적으로 처리된다. 따라서 상황처리 절차를 독립적으로 구분하여 설명한다는 것은 불가능한 일이며, 또한 의미도 없다고 할 수 있다. 그러나 훈련진행 절차에 대한 이해를 돕기 위하여 전투21모델에서 수행되는 내용을 전장기능별로 주요 상황처리 절차를 살펴보면 다음과 같다.

1) 지휘통제/통신

지휘통제/통신 기능의 모의대상은 지휘반응시간과 지휘관계 구성 및 변경, 통신기능제한 등이 포함된다. 지휘반응시간이란 전장 상황에서 지휘계통상의 보고, 결심, 명령하달준비, 행동실시까지의 일련의 지휘반응 및 지연시간을 의미하는 것으로 모델 상에서는 제대별로 명령하달 소요시간과 명령을 수령한 부대가 임무수행준비에 필요한 시간인 최종준비시간을 모두 포함한 총 지연시간을 적용하고 있다. 그리고 지휘관계 구성 및 변경의 모의는 교리상의 예·배속, 작전통제, 편조지원 및 피지원 관계 등을 부대통합, 분리, 부대명 및 모의반 변경, 관리전환 등의 형태로 처리한다. 통신기능 마비는 중대급 이상 관측소 또는 지휘소의 파괴와 통신시설 파괴, 통신불가 지역에서의 통신두

절 상황 등의 유형으로 모의되며, 지휘소가 입은 피해 정도와 통신불가 여부에 따라 지연시간이 적용된다.

가) 지휘소 설치

지휘소는 지휘반응시간을 단축하고, 필요한 첩보를 수집 및 전파 시 운용하는데 중대급 이상 부대에서만 운용한다. 지휘소 설치 시 착안사항으로 반드시 모체부대로부터 400m 이내에 위치하여 지휘소 경계대책을 강구해야 하며, 모체부대와 지휘소 설치 위치 사이에 기동불가 지형이 없어야 한다. 원거리에 운용 시에는 설치 후 부대이동을 하거나 부대이동 후 설치하여야 하고, 제독이나 교전 부대이동 시, 피폭 중, 공병임무 중에는 설치가 불가하다. 전투21모델에서 관측소와 지휘소가 적 특작부대나 포병에 의해 피해를 입게 되면 지휘통제기능 운용이 제한되므로 반드시 경계 및 방호대책을 강구해야 한다.

나) 부대분리, 부대통합 및 지휘관계 변경

부대분리는 모체부대로부터 그 예하부대들을 분리하는 기능이다. 분리된 예하부대들은 모체부대와 동일한 속성과 임무를 승계한다. 분리된 부대는 타 모의반으로 전환하거나 타 부대와 다시 통합될 수 있다. 공격, 침투, 철수 상태이거나 정비임무 중인 부대는 분리가 불가능하다. 분리되는 부대 위치는 모체부대와 상호 일정거리(400m) 이내로 제한되며 모체부대 위치와 분리부대 위치 사이에 기동이 제한되는 지형이 없어야 한다. 부대분리는 주메뉴에서 '지휘통제/통신－부대분리'를 선택하여 진행하며, 부대 선택 버튼을 누른 후 상황도에서 해당 부대를 마우스로 클릭하면 부대명이 입력된다. 입력창 분리 후 모체부대와 분리된 부대의 명칭과 규모, 부호를 설정하고 분리된 부대의 위치를 입력한다. 부대분리 임의지정 옵션을 선택하면 분리할 부대의 세부현황을 임의로 편집할 수 있다.

부대통합은 2개 이상의 부대를 통합하거나 전투력 수준이 저하된 예속부대를 통합 시 사용하는 기능이다. 통합할 양개부대는 400m 이내에 위치해야 하며, 타 모의반 내 부대는 모의반을 변경하여 통합이 가능하다. 피통합부대는 병과 MOPP 상태 등 통합부대와 동일한 속성을 승계하며 양개부대의 상태에 따라 전투력이 증감하기도 한다. 상급부대와 예속부대의 통합은 승인 없이 가능하며, 동일제대 간의 통합은 상급부대 승인 후에 가능하다. 부대통합은 주 메뉴상에서 '지휘통제/통신－부대통합'을 선택하여 진행하며, 모체부대와 통합될 부대를 선택하고 통합부대의 명칭과 규모, 부호를 입력한다. 그림 6.15는 부대분리 및 통합 사례를 보여준다.

부대명칭이나 상급부대를 변경하고, 타 모의반으로 소속을 변경하고자 할 때 '지휘통제 및 통신－부대명 및 지휘관계 변경' 기능을 사용한다. 이때 배속전환, 작전통제, 전술통제 등의 전술적 운용절차 및 요령을 숙지하고 상급부대의 지침에 의거 지휘관계를 변경한다.

┃ 그림 6.15　부대분리 / 통합

다) 중계소 운용 및 해제

중계소는 지휘통제를 수행하는 수단으로 첩보 및 정보와 명령, 지시를 전파하는 역할을 수행한다. 중계소가 파괴되면 전령을 운용하여 전파하기 때문에 전파시간이 지연된다. 중계소는 통신/보병부대만 운용이 가능하다. 중계소는 최소 통신병 3명과 무전기 2대로 구성되며, 중계 능력은 가시선과 통신장비의 통달거리에 따라 상이하다. 따라서 중계소를 운용하기 전에 반드시 지형분석을 통해 위치를 선정하고 경계대책을 강구해야 한다. 또한 운용 이전에 부대분리 명령으로 중계소를 운용할 부대를 생성해야 한다. 중계소의 중계 능력은 설치위치에서의 가시선과 통신장비의 통달거리에 영향을 받는다. 중계소는 그림 6.16처럼 주 메뉴상에서 '지휘통제 및 통신－중계소 운용 및 해제' 기능을 통해 운용할 수 있으며 부대에서 중계소를 분리하고, 고지까지 이동하여 중계소 운용 명령을 내린 후에 중계임무를 수행하도록 해야 한다. 또한 시나리오 작성단계에서 중계소를 위한 편제판을 미리 작성해 놓아야 한다.

┃그림 6.16 중계소 운용 및 해제

2) 정보

정보 기능에서는 기상현황과 지형 및 정보활동에 대한 운용 개념을 지정한다.

'기상현황'에서는 일출, 일몰시간, 풍속, 사계 강우 등 기상현황을 작성 및 수정한다. 기상현황은 시나리오 작성 시 미리 입력되어 있는 상태이다. 기상현황은 전투실시반에서 수정 및 삭제할 수는 없으나, 선임통제반의 특별명령으로 수정하여 운용할 수 있다. '지형' 기능에서는 지형 데이터베이스의 운용과 작전수행을 위한 전장정보분석, 3차원 위성영상을 이용한 Flying, 2차원 및 3차원 상에서의 지형분석을 실시하며, '정보활동' 기능에서는 훈련부대 지휘관의 전술적 결심수립을 위한 첩보제공 자료를 획득하는 데 사용되는 제반 정찰활동 및 감시장비 운용, 침투, 위장 등을 계획하고 지정한다.

가) 지형 ─ 지형분석

지형분석 기능에서는 그림 6.17처럼 사계와 거리, 단면도 및 기동로, 통신가능여부를 분석하고 확인할 수 있다.

'사계분석'은 육안관측 및 직사화기 사거리를 통한 관측을 통해 사계를 분석하는 기능이다. 육안관측은 최대 2km, 직사화기 옵션을 선택할 경우 해당 화기의 사거리만큼 분석이 가능하며, 상황도에 분석결과가 도시된다. 훈련지역 안에서 직사화기 유효사거리 내의 사계분석자료를 제공하고 직사화기 진지를 선정할 때 활용하게 되며 부대명과 관측좌표를 지정하면 사계분석 결과가 제시된다.

'기동로 분석'은 기계화부대가 기동 가능한 지형분석결과를 제공하는 기능으로 사용하고자 하는 지형을 입력하면 상황도 상에 지형을 도시해 준다.

'단면도'는 두 지점 간의 지형 단면도 분석결과를 제공하는 기능으로 경계부대의 진지

선정이나 반사면 진지를 선정하기 위해 군사적 정상을 판단하는 데 사용하는 기능이다.

'통신가능확인' 기능은 공격/방어 작전간 기동계획과 연계된 통신소통여부 확인, 난청지역 해소를 위한 중계소 위치 선정 시 활용한다.

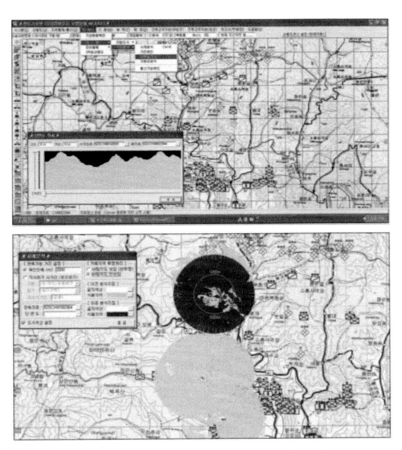

▌그림 6.17　지형분석(사계분석 및 단면도) 결과

나) 정보활동

정보활동은 훈련부대 지휘관을 전술적 결심수립을 위한 첩보제공 자료를 획득하는 데 사용되는 기능으로 그림 6.18처럼 정찰활동, 감시장비 운용, 침투, 위장 등이 포함된다.

　정보활동 중 '수색정찰' 기능은 적 정찰, 지형/장애물 정찰, 화생방 정찰 등의 형태를 지정하여 보다 상세한 정찰을 수행할 수 있다. 즉, 적에 대한 첩보를 입수하거나 화생방 오염여부, 그리고 작전지역의 지리적 특성 및 제원 등을 확인 시 사용하는 기능으로 수색정찰부대는 소대급 이하 소규모 제대로 편성하여 운용한다. 정찰 결과는 보고서 및 메시지 현황 창으로 제공되는데 적 정보는 적의 규모와 수행임무, 전투력을 확인할 수 있고, 화생방은 오염여부와 작용제의 종류를, 그리고 지형정보는 장애물과 교량을 확인할 수 있다.

'항공정찰' 기능은 육군항공기 또는 광학사진, 정찰용 항공기를 이용한 적 및 지형에 관한 첩보를 수집하기 위한 기능으로 지상 전투부대의 정찰능력을 초과하거나 보다 기술적인 첩보수집이 필요할 때 요청하며 정찰지역은 통상 요청부대의 작전지역 범위를 대상으로 한다. 항공정찰로 할당된 항공전력 범위 내에 상급대응반에서 운용하며 필요할 경우 통제반에 추가 전력할당을 요청하여 승인받은 후에 시행한다. '정보–정보활동–항공정찰' 기능을 선택하여 임무를 수행할 기종과 항공기수, 운항고도 및 경로 등을 입력하여 시행할 수 있다.

'침투기능'은 적 지역으로 부대를 은밀하게 이동 시 사용하는 기능으로 소대급 이하의 보병, 수색, 정찰부대에게 적용되며 탐지확률은 감소하고, 교전은 회피하면서 침투하게 된다. 적 부대를 선제 타격 시에는 전투력의 3배까지 기습효과를 부여하게 된다. 침투부대 운용 시에는 적 위협을 고려하여 침투로를 선정해야 하며, 우발상황에 대비한 대책을 강구해야 하고, 타격 목표를 부여하지 않으면 목적지 일대에서 자동으로 은거하게 된다. 침투부대의 최고속도는 2km/h이며, 탐지될 확률이 일반부대보다 낮으며, 은거 시에는 약 10% 확률이다.

'감시장비' 기능은 감시장비를 설치하거나 운용 및 해제 시 사용하는 기능으로 TOD와 GSR에 대해 묘사할 수 있다. 획득된 첩보내용은 정보메시지와 화면도식으로 제공되며 감시장비를 운용할 때에는 지형분석 결과를 먼저 확인해야 하고, 차폐지역과 탐지거리를 고려해야 한다. 즉, 사계분석결과 관측이 가능한 위치의 적 부대만 탐지한다. (TOD: 인원 3km, 차량 8km / RASIT: 인원 14km, 차량 30km) 감시장비 위치 조정 시에는 실제와 유사하게 감시장비 운용 및 해제를 하고 부대를 이동 후, 재설치 후 운용해야 하며 생존성이 취약하므로 적 특작부대나 포병화력에 대한 대책을 강구해야 한다. 훈련진행 간 감시장비 운용이 제한될 경우 훈련통제반에 상급부대 첩보를 요청한다.

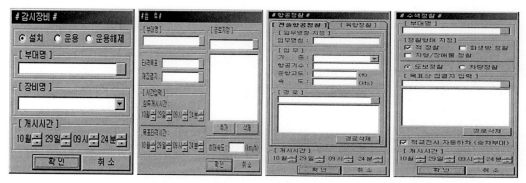

▌그림 6.18 정보활동(수색정찰, 항공기정찰, 침투 및 감시장비)

3) 기동

기동은 부대임무 수행과 관련하여 부대를 전술적으로 이동시키고 적과 교전상황을 모의해주는 전투지휘훈련의 가장 핵심이 되는 기능으로, 상급부대 지침과 정보 상황에 따라 지휘 및 참모활동 절차를 통해 부대기동계획을 수립하고 예하부대 및 지원/배속 부대장에게 하달하게 된다. 이러한 작전명령에 의거 훈련실시반의 청군반은 해당 부대의 기동계획을 부대이동, 공격, 방어, 철수, 공중강습, 근접전투수행 등의 명령으로 바꾸어 모델에 입력하게 되고, 『전투21모델』에서는 청군의 각 모의반에서 조치한 명령내용에 따라 대항군반과 자유교전 등을 통한 전장상황 모의가 이루어지며, 작전진행 및 부대운용 현황, 전투력 수준 등 여러 가지 모의결과가 메시지, 상황도, 보고서 등을 통하여 해당 실시반에 제공된다. 통제반의 조치뿐만 아니라 훈련이 진행되면서 발생되는 기동 관련 각종 모의결과는 기동/대기동의 '근접전투 현황', '직사화기 사격현황/결과' 및 전투력 현황의 '병력피해 현황', '장비피해 현황' 등의 보고서와 상황도 전시내용 등을 통하여 확인함으로써 파악할 수 있다.

기동은 부대상태설정, 기동형태, 교전, 기동/대기동 지원의 4개의 부메뉴로 구성되어 있다.

가) 부대상태설정

부대상태설정 기능은 그림 6.19처럼 부대의 전투력을 배분하고 전개대형을 변경하는 기능을 제공하며 먼저 전투력 배분은 부대의 전투력을 8개 방향으로 할당하는 기능이며, 수동 또는 자동으로 할당하는 명령이다.

전투력할당을 '수동'으로 설정하는 것은 사용자가 8개의 방향별로 전투력을 직접 입력하여 운용하는 것이고, '자동'으로 설정하는 것은 컴퓨터에서 적의 위협을 고려하여 자동으로 설정되는 것이다. 전투력 할당을 '수동'으로 설정하여 두면 부대 지향방향이나 전투상황이 바뀌어도 방향별 전투력 할당값은 변경되지 않는다. 그러나 적과 근접 전투 시 적 상황에 따라 자동조정되는데 이때는 수동으로 지정된 값이 해제되고 부대 전투력할당도 '자동'으로 변경된다.

전개대형 변경은 부대가 기동(이동, 공격, 철수)함에 있어 최초 부대에게 주어진 전개대형으로 기동하다가 상황변화에 따라 전개대형을 변경시키고자 할 때 사용하는 기능이다. 부대전개는 중대급 이상 부대와 소대급 이하 부대로 구분하여 중대급 이상 부대는 예하부대 단위의 전개대형을 적용하고, 소대급 이하 부대는 각개병사 단위의 전개대형을 적용한다. 전개대형 역시 전투력 배분 명령과 같이 모의에 많은 영향을 미치는 명령이다. 전개대형에 따라 점령면적이 다르게 산출되고 점령면적에 따라 간접화력에 의한 피해 산출이 다르게 모의된다.

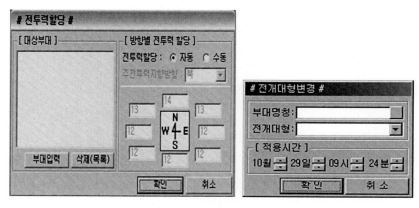

▌그림 6.19 부대상태설정(전투력 할당, 전개대형 변경)

나) 기동형태

'기동형태' 기능은 지상부대를 원하는 목적지까지 이동시키는 부대이동 명령, 부대공격임무를 수행하는 공격명령, 전투력 보전 및 차기작전에 대비하는 철수명령을 운용하는 기능을 제공한다.

　'부대이동'은 어떤 부대를 목적지까지 이동 시 사용하는 기능으로 행정적 이동과 전술적 이동으로 구분된다. 매 분단위로 실제 이동 속도를 묘사하며 그룹으로 지정된 부대는 지정된 순서대로 이동한다. 부대이동 명령을 입력하여도 이동하지 않는 경우는 장애물에 봉착했거나, 적과 조우 시 또는 연료고갈 시, 적 포탄에 의한 피폭 시이며 정지사유를 해소한 후에 다시 이동 명령을 입력해야 이동이 가능하다.

　'공격' 기능은 지상작전부대에게 공격임무 부여 시 사용하는 기능이며, 소대급 이하는 이동기술과 지향방향을 적용하지만, 중대급 이상은 적용하지 않는다. 공격 간 부대 전투력이 표 6.4의 태세전환점 이하로 떨어지면 부대는 자동적으로 방어태세로 전환되며, 공격을 계속하려면 전투태세 전환점을 조정하거나 전투자산을 보충받아야 한다. 즉, 전투력이 70% 이하일 경우 공격이 실시되지 않고 방어태세로 전환되므로 전투력을 주기적으로 확인하여 병력이나 장비, 보급품 등을 보충해 주어야 계속 공격이 가능하다.

　'철수' 기능은 교전하거나 접적부대를 적 위협이 없는 지역으로 이동시켜 전투력을 보존하고, 차후작전에 대비하기 위해 사용하는 기능이다. 철수는 자발적인 철수(전투력 50% 이상)와 강요에 의한 철수(전투력 50% 미만)로 구분되며, 철수 시 전투력이 높은 적과 조우하면 치명적인 피해가 발생할 수 있으므로 주의해야 한다.

▌표 6.4   전투21모델 적용 일반적인 태세전환점

공격	방어	강제철수	소멸
70% 이상	50% 이상	40% 이하	25% 이하

'방어'는 작전부대에게 방어임무를 부여 시 사용하는 기능이며 배치, 집결, 사격지원, 매복으로 구분된다. 전장상황과 임무를 고려하여 적절한 형태를 지정하면 되며, 방어 시에는 진지를 구축하거나 점령하게 되는데 진지의 중앙에 단대호가 위치해야 방호를 받을 수 있다. 이때 해당 부대로부터 200m 이내에 있는 진지만 점령 가능하다. 부대 주변에 진지가 없는 경우 급편방어진지를 구축하여 방어를 실시한다.

'현지역 이탈'은 차량화부대가 이동간 적 부대와 교전을 회피할 경우 사용하는 기능으로 완전히 교전지역에서 이탈할 때까지 명령이 지속 유지된다. 적이 지속적으로 교전을 시도하는 경우에는 자동교전상태로 전환되므로 수시로 진행 상태를 확인해야 한다.

'공중강습'은 지상부대를 공중으로 기동시켜 작전지역에 투입하고자 할 때 사용하는 기능이다. 공중으로 기동할 수 있는 부대는 모든 지상부대가 대상이 되며 수송용 헬기를 보유한 모든 항공부대가 지원항공부대가 될 수 있다. 임무를 고려하여 착륙위험 감수수준을 낮음과 높음으로 지정할 수 있는데, 반드시 상황을 고려하여 설정해야 한다. 마지막으로 '승·하차 지정'은 운용병이 아닌 병력의 승·하차 시 사용하는 기능으로 부대는 지정값에 따라 승·하차 가능하다. 전투21에서는 기갑/기계화, 자주화, 포병, 방공부대는 승차상태로, 보병 및 기타 부대는 승·하차상태로 모의된다. 보병부대의 차량화 명령은 보병부대의 승차지역으로 경자동차부대를 기동시키고, 보병부대 모의반으로 경자동차부대의 모의반을 변경한 후 보병부대와 경자동차부대를 부대통합명령으로 통합하고 승차명령을 입력하는 단계로 진행되며 승차는 집결상태에서만 가능하다.

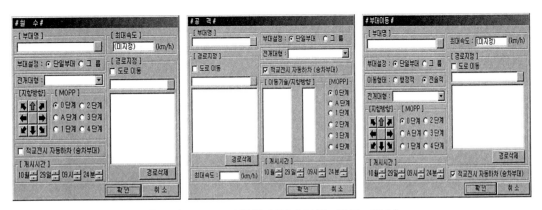

▌그림 6.20   기동형태(부대이동, 공격, 철수)

다) 교전

근접전투란 상호 적 부대가 의도적으로 전투를 수행하는 상호교전의 형태로서 이러한
교전을 수행하는 근접전투 조건을 지정해주는 교전방법 변경 및 근접전투 수행을 위한
화기배치, 직사화기 사격 등에 대한 설정은 '교전' 기능을 통해 수행된다.

'교전방법 변경'은 아군부대가 적 부대와 근접전투 조건을 지정 시 사용하는 기능으로
공용화기 사격과 근접전투를 각각 자동과 수동으로 지정할 수 있으며, 이는 전장상황
과 임무를 고려하여 정하게 된다.

  '근접전투 수행'은 교전방법을 수동으로 선택하였을 경우 상호 근접된 부대에 교전
임무를 부여하는 기능이다. 피·아 부대가 400m 이내에 위치해야 근접전투가 수행되
며, 다수의 부대를 지정할 수 있다.

  '화기배치'는 90mm, 106mm, TOW, 전차 등 직사공용화기를 특정한 위치에 정 또
는 문 단위로 배치 운용하기 위한 기능이다. 명령을 입력하면 상황도에 별도의 화기
부호가 표시되며, 반드시 전술적 임무를 고려하고, 생존성 보장대책을 강구한 상태에
서 운용해야 한다.

  '직사화기 사격'은 직사화기 사격을 수동으로 설정하였을 경우 사용하는 기능으로
사계분석을 통해 지형의 차폐여부를 확인한 후 사용한다. 침투부대가 아닌 부대가
보유한 직사화기의 사거리 내에서 적 부대가 탐지되면 적 부대 또는 특정 화기나 장
비에 대하여 사격을 실시하는 명령이다. 필요시 화력수색을 위해 임의지역 표적에
대해서도 사격할 수 있다.

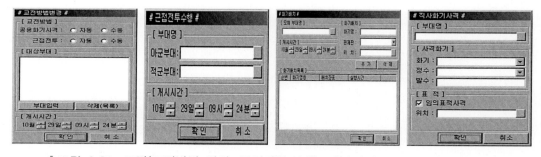

▌그림 6.21 교전(교전방법 변경, 근접전투 수행, 화기배치, 직사화기 사격 설정)

라) 기동/대기동 지원

'기동 및 대기동 지원'은 전투지원임무를 수행하기 위한 각종 장애물 설치 및 극복 방
법과 교량 설치 및 복구, 의명폭파 임무를 수행하는 기능을 제공한다.

  장애물은 지뢰지대와 철조망, 점장애물인 도로대화구, 낙석 등을 모의할 수 있다. 설

치간 경계부대를 배치해야 하고, 1개 부대에 1개 임무만을 부여해야 한다. 또한 설치부대는 자산을 충분히 가지고 있어야 하며, 이중명령을 부여한다거나 부대 통합 등 기타 임무와는 병행할 수 없다.

'교량 설치 및 복구' 기능은 공병에게 교량을 설치하거나 복구하는 임무를 부여할 때 사용하는 기능이다. 하천의 크기와 임무에 따라 교량의 종류를 선택하여 설치 운용하며, 설치간에는 설치 및 복구에 필요한 인원, 장비, 보급품을 가지고 있어야 하고, 반드시 설치하는 공병부대의 생존성 보장을 위해 엄호부대가 지정되어 있어야 한다. 대전차구, 도로대화구와 같은 폭파 장애물에는 장갑전투교량(AVLB)을 설치할 수 있고, 하천에는 M4T6부교, 경전술문교, 알루미늄도보교를 설치할 수 있다.

'교량 파괴' 기능은 공병에게 교량을 파괴하는 임무를 부여하는 기능으로, 교량을 즉시 파괴하거나 의명 지정된 시간에 파괴할 수 있는데 전술적 상황을 고려하여 선택한다. 교량 파괴 시에는 임무수행부대가 교량으로부터 400m 이내에 위치해야 하고, 임무 수행에 필요한 충분한 공병장비와 보급품을 보유하고 있어야 한다. 부대가 교량 위에 있을 때 교량파괴명령을 수행하면 교량 위의 부대는 전멸하는 것으로 묘사된다.

'교량 철수'는 공병부대에게 교량 철수 임무를 부여할 경우 사용하는 기능으로 공병부대만 철수가 가능하고, 철수한 교절은 해당 부대의 자산으로 회수가 되며, 전투장갑교량은 회수 후 재사용이 가능하다.

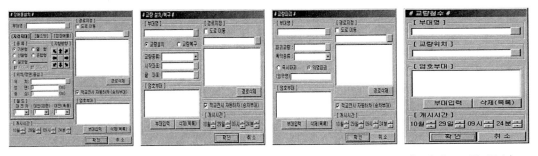

▎그림 6.22 기동 및 대기동 지원(장애물 설치, 교량 설치/복구, 교량 파괴, 교량 철수)

4) 화력

'화력' 기능은 표적관리를 위한 탐지장비 운용, 화력계획 작성 및 운용방법을 지정하는 '표적관리', 화력운용을 위한 임기표적사격, 계획표적사격, 공격준비사격, 사격임무취소, 근접항공지원, 공격헬기 운용방법을 지정하는 '화력운용' 그리고 화력협조를 위한 사격범위 확인, 공격통제기능 등을 설정하는 '화력협조'로 구성된다. 지휘소 내의 화력지원 협조반은 예하부대로부터 제공받은 표적첩보 및 화력지원 요청표적의 성질을 분석하여 우선순위 및 타격수단을 결정하며, 자체지원이 가능한 표적은 화력반에 직접 하달하고, 상급부대에 지원을 요청해야 될 표적은 통제반에 화력지원을 요청하여 승인을 받은 후 화력반에 있는 지원포병부대에 사격명령을 하달한다.

화력반장은 직접지원 포병대대(포대) 임무수행 및 통제반의 승인을 득하여 운용하는 지원포병부대 운용을 위한 명령입력과 결과보고 등의 임무도 수행한다. 특정 표적에 대한 포병/박격포 사격, FASCAM사격, 화학탄사격, CAS, 공격헬기운용 등의 명령은 화지반 및 직할반에서 입력하게 되고, 모델에서는 입력된 명령에 대한 운용 효과를 모의하여 보고서 및 상황도를 통하여 실시반에 제공해 준다.

가) 표적관리

'표적관리' 중 탐지장비 운용은 대포병 레이더(TPQ-36, TPQ-37/Arthur-K 제외)를 설치하거나 운용, 중지, 철수 시 사용하는 명령이다. 레이더를 운용하는 제원은 표 6.5와 같고, 레이더를 통해 탐지된 적 포병부대의 위치는 선임통제실에서 첩보로 제공한다. 대항군에서도 대포병레이더를 찾기 위해 전자전이나 특작부대를 운용하므로 12분 이내에서만 운용하고, 적 특작부대의 활동에 대비한 생존대책을 강구해야 한다.

'화력계획 작성'은 보병부대의 주요 편제화기인 박격포와 포병화력을 통합하여 효과적으로 운용하기 위한 화력계획을 작성하는 기능을 제공한다. 화력계획 목록과 공격준비사격 목록으로 구분하여 작성하며, 표적은 표적, 표적군, 표적대, 최후방어사격, 화력격멸지역을 구분하여 표적명을 부여할 수 있으며, 계획표적 사격과 임기표적 사격 시 활용 가능하다. 화력계획 수립 시에는 병력, 장애물 계획과 연계된 계획이 수립되어야 하며, 특히 핵심표적과 연계되어 작성해야 한다.

▌표 6.5 대포병 레이더 운용 제원

구분	설치	철수	탐지거리(km, 최대)	탐지확률(%)
AN / TPQ-36	20분	10분	박격포 12, 야포 24	85
AN / TPQ-37	30분	15분	박격포 25, 야포 30, 로켓 60	

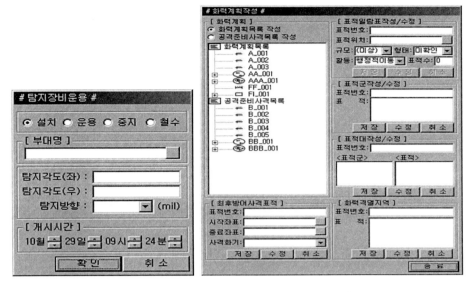

구분	표적	표적군	표적대	최후방어 사격표적	화력격멸 지역
도식	╋ 녹색 십자선	⬭ 녹색 타원선	├──┤ 녹색 직선	▭ 적색 사각형	
색상	분홍색 바탕 검정글	하늘색 바탕 검정글	보라색 바탕 검정글	분홍색 바탕 검정글	하늘색 바탕 검정글

▎그림 6.23 표적관리(탐지장비 운용, 화력계획 작성, 표적부호)

나) 화력운용

'화력운용' 중 '임기표적사격'은 전투 실시 전, 실시간 획득된 표적을 사격하기 위한 기능이다. 정상사격과 긴급사격으로 구분되며 정상사격은 기존에 요청했던 사격계획에 이어서 순서에 의한 사격을 실시하게 되고, 긴급사격은 대기 중인 임무에 우선하여 즉각 사격하게 된다. 사격 시 입력된 사항속(집중사, 개방사, 평행사)에 따라 피해가 발생하도록 모의하며 각종 특수탄(연막, 화학, FASCAM 등) 사격이 가능하다. 박격포나 포병부대는 적과 교전 중이거나 적으로부터 피해에 의해 화기가 파손되었을 경우 사격임무를 수행할 수 없다. 사격 후에는 대포병사격의 회피를 위해 진지변환 등 생존대책을 강구해야 하고, 표적의 성질과 규모에 따라 탄종 및 사격발수를 가용범위 내에서 결정하여 사격해야 한다.

'계획표적사격' 기능은 기존에 수립한 화력계획에 맞게 적이 도달 시 사격하는 기능으로 최초에 화력계획 수립 시 시간을 입력하였으면 해당 시간에 자동으로 사격을 하게 되고, 임기표적사격은 계획표적사격 5분 전까지 완료가 되어야 한다. 사격임무 수행 중에도 차후 사격에 대한 최신지원을 유지하고, 만일 사격부대가 교전이나, 이동 등으로 임무수행이 제한될 경우에는 타 부대로 임무를 전환할 수 있다.

'공격준비사격'은 기계획된 사격시간 또는 H 시간에 도달했을 때 계획된 사격을 실시하는 기능으로 시간 도달 시 자동으로 표적에 대해 사격을 실시하게 된다. '근접항공지원'은 위협표적이 지상군의 화력으로 제압 곤란하거나 공중공격이 효과적일 경우 공중공격 임무를 부여할 시 사용하는 기능이다. 요청양식에 의거 요청하면 대응반에서 가용자산 범위 내에서 운용하게 되고, 사전에 공중우세권이 확보되어 있어야 하며, 공격통제 및 적 방공무기의 제거여부가 확인되어야 한다.

┃ 그림 6.24 화력운용(임기표적사격, 계획표적사격, 근접항공지원)

'공격헬기운용'은 시나리오 작성 시 편성된 헬기편대에 따라 운용이 가능하며 지대공 사격을 고려한 전투진지 선정과 헬기운행 속도를 고려한 공격개시, 종료시간을 설정해야 한다. 또한 표적지정을 정확하게 하여 다수의 표적 존재 시 우선타격 대상이 정확하게 타격될 수 있도록 해야 한다. 식별된 적 표적에 대해 공격헬기로 공격하고자 할 때 사용하는 기능으로 훈련부대에서 요청 시 대응반에서 할당된 범위 내에서만 사용 가능하다. 표적선정 시 지상화력으로 제압 곤란한 표적이나, 아주 위협적인 표적에 한하여 사용해야 한다. 최초 표적 미확인 시에는 지정된 표적 위치에서 반경 1km 이내의 최기 적 부대를 공격한다.

다) 화력협조

'화력협조'는 곡사화기를 보유한 부대가 사격할 표적에 대하여 사격범위 내에 위치하고 있는가를 확인하는 '사격범위 확인'과 전투지대 공격에 대해 아군 간의 피해를 예방하기 위해 공역통제를 실시하는 '공역통제' 기능을 포함하고 있다. 사격범위 확인 시 포병부대를 선택하고 화기의 최대 사거리와 좌우편각을 입력하면 상황도 상에 부채꼴 모양의 백색선이 도시된다. 반색선 안쪽이 사격이 가능한 범위이며 표적이 사격범위 밖에 위치하고 있다면 사격이 가능한 타 부대에게 사격임무를 전환하거나 포병부대의 부대이동, 지향방향 변경 등을 실시하여 사격범위를 조정한다. 공역통제 시 전술항공 또는 육군항공의 진입정보를 입력하고 통제시간을 부여하며, 공역통제시간에는 포병화력 사용을 통제해야 하고, 공역 이외에는 항공기 운용을 통제해야 안전이 보장된 가운데 임무수행이 가능하다.

5) 방호

방호 기능의 모의 분야에는 진지구축, 위장, 화학(제독, MOPP 변경, 연막차장/중지) 등이 포함된다. '진지구축'은 공병임무수행에 의해서 생성되는 구조물 중 전투진지를 구축하는 명령으로 개인전투진지, 화기진지, 차량/장비진지가 있으며, 보유 장비, 광명상태, MOPP 수준 등에 따라 진지구축시간은 상이하다. '위장'은 적에게 탐지되는 확률을 감소시키기 위해 실시하는 부대 위장활동을 말하며 '화학'은 화학임무 수행을 위한 정밀제독, 지역제독, 제독소 설치 및 제거, 연막차장, 임무형 보호태세 변경 등이 포함된다. '대공방어'는 적 항공기에 대한 지대공 방어 형태를 설정하는 명령으로 적극적 방어 형태와 소극적 방어 형태로 구분되며 대공방어 설정, 방공조기경보 전파 명령이 포함된다.

▌그림 6.25 방호 기능 메뉴 구성

진지는 급편진지와 정밀진지로 구분된다. 진지강도는 1~3으로 나뉘며, 1~2까지는 전투실시반에서, 3은 선임통제반에서 설치가 가능하다. 진지구축 수준별로 전투피해로부터의 방호 효과는 차이가 있다. 1단계는 근접전투 시 소화기로부터 개인병력이 '부분보호'(20% 피해감소)되며, 2단계는 근접전투 시 개인병력 및 화기의 50% 피해감소 효과가 있고, 3단계는 부대의 모든 자원들에 대해 70% 피해감소 효과가 있다.

'위장' 기능은 적에게 탐지되는 확률을 감소시키기 위해 실시하는 부대위장활동의 효과를 모의한다. 지휘소, 포진지, 차량의 위장을 설치하는 명령으로 지휘소 위장은 지휘소 속성인 부대, 포진지/차량 위장은 해당 장비 보유 부대만 가능하다. 위장설치명령을 입력하면 일정시간이 경과한 후에 부대는 위장을 완료한 것으로 모의하며 적의 탐지수단에 따라 피탐지확률이 차등 적용된다. 위장망의 종류는 지휘소, 차량, 포진지로 구분되며 위장망 설치가 완료되었을 경우 설치여부는 부대정보에서 확인이 가능하다. 위장 중인 부대는 이동명령시 위장망 제거시간이 추가로 소요되므로 전장상황을 고려하여 적절하게 위장을 실시하여야 한다.

'화학' 기능 중 정밀제독은 지속성 화학작용제에 오염된 부대를 제독시키고자 할 때 사용하는 기능이다. 정밀제독의 소요시간은 부대의 규모에 따라 결정된다. 지역제독은 오염지역을 제독하고자 할 때 사용하는 기능이며, 제독장비를 보유한 부대에 의해 주로 도로제독을 실시한다. 지역제독의 소요시간은 제독 실시부대의 제독장비 보유수에 따라 결정된다.

'연막차장'은 연막능력을 가진 부대에게 연막차장 임무를 부여할 때 사용하며 발연기나 연막통에 의한 가시선 연막차장을 형성할 수 있다. 이때, 부대 전투력 수준이 방어 및 철수 전술적 태세전환점 이상이어야 한다. 연막탄/발연연막은 백색원으로, 백린 연막탄은 황색원으로 도시된다. 1km 연막차장에 필요한 연막통, 발연기, 박격포, 포병 등의 소요량은 표 6.6과 같다.

▌표 6.6 1km 연막차장 시 소요량

구분	연막통	발연기	박격포		포병	
			81mm	4.2"	105mm	155mm
소요량	6개	4대	20발	15발	12발	10발
형성시간	2분	4분	6초			
지속시간	15분	지정시간	2분			

6) 전투근무지원(작전지속지원)

작전지속지원은 보충/보급, 사상자처리, 정비, 관리전환, 포로이송을 포함하며 연대/대

▌그림 6.26 전투근무지원(작전지속지원) 기능 메뉴 구성

대 훈련 간 적용되는 작전지속지원 기능을 모의한다. 보충자산할당을 통하여 연대직할반 또는 대대직할반의 치중대 부대에 시설자산을 할당한 후 보충 및 보급을 통하여 하위부대의 부대현황을 보충한다. 또한 훈련진행 간 발생한 부상자의 치료에 관한 명령들을 모의한다. 훈련진행 간 파손된 장비의 정비에 관한 명령은 '정비' 기능을 통해 수행되며 수리부속을 이용한 사용자 정비와 기갑화기를 정비하는 '부대정비병 정비'와 기갑화기를 정비부대로 후송하는 '야전 정비'로 구성된다. '관리전환' 기능은 동일 모의반에 속한 양부대 간의 현황을 재할당하는 명령을 수행하며, '포로후송'은 포로 및 실종자가 발생할 경우 포로수집소에 포로가 수집되는 명령을 수행한다.

(4) 훈련실시단계(훈련통제 절차)

1) 훈련상황 유도 및 조성

가) 정보조성 시간부여

통상적인 훈련개시시간은 훈련 시나리오 작성단계에서 지정하며, 공격하는 부대의 공격 개시시간을 기준하여 정보조성 시간을 설정해야 적절한 훈련 상황 유도가 가능하다. 예를 들면, 공격부대는 침투부대를 사전에 운용하거나 공격 대기지점으로 이동하기 위한 시간이 필요하며, 방어하는 부대의 경우는 장애물을 설치하거나 방어진지를 구축하는 데 많은 시간이 소요되기 때문이다. 상황조성단계를 거쳐 훈련을 진행할 때에는 모델에서의 시간진행은 실시간(real-time)으로 처리되기 때문에 가용시간의 제약으로 정보조성단계에 충분한 시간을 부여하기 어렵다.

나) 첩보제공

훈련 상황 유도를 위해서는 쌍방훈련을 실시하는 양측에 적에 관한 일정 수준의 첩보제공이 필요하다. 물론 기본적으로는 첩보획득을 위한 노력에 따라서 상대방 부대에 관한 첩보를 획득할 수 있도록 모델기능이 설계되어 있지만, 필요에 따라서는 통제관에 의해서 적 부대에 관한 첩보제공이 가능하다. 훈련이 진행되는 도중에 상대방 부대에 관한 첩보를 제공할 필요가 있는 경우에는 선임통제 명령 중 '상급부대 첩보'를 활용하면 된다.

다) 부대위치 조정

훈련진행 중 부대위치가 잘못된 것을 발견하거나 훈련 상황 유도를 위해 필요한 경우 선임통제 명령(특별이동)을 활용하여 위치를 조정한다.

라) 기상제원 설정, 변경

모델에 적용되는 기상제원은 최초 시나리오 작성 시에 입력된다. 그러나 훈련이 진행되는 과정에서도 필요시에는 언제라도 기상제원 변경이 가능하다.

2) 전투지원 요소통제

가) 정보자산 추가할당 및 운용

대대지역에서 운용되는 상급부대의 정보자산인 열상 탐지장비의 추가할당이나 위치이동 등도 훈련실시반에서 명령입력으로 가능하도록 되어 있다.

나) 일반지원 포병운용

훈련진행을 위한 시나리오 DB의 부대제원에는 국방 시뮬레이션 모델의 특성상 직접지원, 화력증원 및 일반지원 포병부대 등 훈련에 운용되는 모든 부대를 포함해야 한다. 직접지원 포병을 제외한 화력증원 및 일반지원 포병부대는 상급대응반에서 운용될 수 있도록 해야 한다.

다) 항공전력 추가할당

CAS나 전술항공정찰을 위한 공군전력은 선임통제명령에 입력되어 있는 수량만큼만 운용이 가능하므로, 전술상황의 변화에 따라 최초 할당량보다 초과 사용이 불가피한 경우에는 선임통제명령으로 추가 보급조치가 이루어져야 한다.

3) 작전지속지원 요소통제

가) 탄약사용 통제

국방 시뮬레이션 모델에는 훈련이 개시될 때 각 부대별로 최초 시나리오 작성 시 부여된 수준의 탄약을 보유하게 되며, 청군·대항군 각 부대가 통제보급률을 지정하여 통제보급률 이상의 탄약사용을 제한하게 된다.

나) 병력, 장비, 보급품 보충

부대가 최초 보유한 병력이나 장비 수준은 편제표에 의한 완편 기준으로 입력되어 있으므로 작전이 진행되면서 대량손실 등이 발생하는 경우에도 보충 가능한 병력이나 장비는 거의 없게 된다.

다) 의무지원

작전이 진행되면서 부상자나 고장장비가 발생하게 되면 모델에서는 "편성 및 군수 제원표"에 제시된 기준에 따라 부상자 및 고장장비의 상태를 분류하여 훈련실시반에 제시해 준다. 훈련실시부대에서는 여기서 제시되는 현황을 근거로 자대치료와 후송치료로 구분하여 후송치료 대상자는 상급부대에 유선으로 보고 후 상급부대 조치에 의해 후송처리 및 치료되도록 해야 한다. 치료가 완료된 환자는 일정시간 경과 후 환자복귀명령에 의해 최초 부대로 복귀하게 된다. 모델에서는 해당 부대가 보유하고 있는 치료능력을 고려하여 소요시간을 반영하고 능력이 초과될 때에는 차상급부대로 후송하여야 하며, 치료능력이 초과될 때에는 치료 소요시간이 현저하게 증가한다.

4) 모델 운용 통제

가) 게임 재수행

모델을 운용하여 훈련을 실시하는 중 제반 오류사항의 발생으로 게임이 중단되었거나 오류해결 후 다시 게임을 시작하는 과정에서 게임이 중단될 당시의 상태부터 다시 시작할 수 있도록 모든 제원을 저장한 후에 다시 실행한다.

나) 게임속도 변경

모델에서 게임을 진행하는 속도는 실제시간 진행과 비교하여 10배까지 임의로 설정할 수 있다. 따라서 상황처리 내용이 적은 최초 정보조성 단계나 앞에서와 같이 게임이 일시 중단되었다가 다시 시작함으로 인해 게임시간과 현시간이 상이할 때 게임속도를 빠르게 하여 현시간과 일치시켜 게임을 진행시킬 수 있다.

(5) 사후검토단계(AAR; After Action Review)

1) 정의

훈련참가자들이 훈련간 발생한 주요 사안에 대하여 발생원인과 개선방안 등을 검토하고 최초 훈련목적 및 상급부대 지휘관의 훈련중점 달성여부를 평가함은 물론 지휘관의 의도와 작전 및 전술적 개념을 현장에서 예하부대 장병에게 교육시키고, 전투력 향상을 위한 새로운 교육훈련 소요를 도출하기 위한 자유스러운 토의진행과정이다.

2) 절차

사후검토반은 전투지휘훈련을 평가하는 2단계 상급부대의 통제요원으로 구성되며 선임통제반 및 관찰관과 긴밀한 협조를 통하여 자료를 수집하고 분석하는 활동을 한다. 『전투21모델』에서 제공되는 사후검토 내용은 전투진행 간에 생성된 게임자, 입력명령, 출력보고서, 서버에서 처리된 평가결과 등을 이용하여 데이터베이스를 구하고 구축된 데이터베이스를 가공하여 훈련진행 결과를 설명할 수 있는 분석용 자료를 제공한다. 전투21모델 내의 사후검토 모델에서 제공하는 분석용 자료는 훈련실시간 주요 훈련국면을 저장 및 편집하여 실시간에 분석할 수 있는 국면저장기능과 특정 상황이나 시간대의 전투상황을 집중분석하고 재연할 수 있는 재연기능, 재연상황을 동영상 자료로 생성할 수 있는 동영상 생성기, 그리고 훈련결과 발생한 각종 자료를 분석하여 사후검토 자료로 활용할 수 있게 하는 표 6.7과 같은 기능별 분석보고서가 있다. 사후검토반 요원들은 훈련실시간 사후검토반 상황도를 통하여 모든 훈련상황을 전장기능과 연계하여 저장하고 분석하며, 통제반 요원들은 훈련진행 상황을 관찰하고, 훈련진행 간 상황 유도를 위하여 조치한 사항과 결과 등의 내용을 분석한다. 관찰반이 운용되었을 경우, 관찰반 요원들은 훈련실시간 실시반 및 훈련지휘부에서 검토하고 조치하였던 사항을 종합하여 사후검토에 필요한 자료를 통제단에 제출하며, 여기에는 훈련실시간 훈련부대에서 실시한 제반 내용이 요약되어 포함되어야 한다. 대항군 요원들은 강평에 필요한 대항군 활동과 관련된 훈련사항을 요약하여 통제단에 제출한다. 이렇게 제출된 각종 자료를 통해 훈련과정을 분석하고 사후검토에 필요한 의제를 선정한다.

3) 방법

사후검토는 훈련진행 간 발생한 상황 등을 상세히 기억할 수 있는 가장 빠른 시간에 실시하는 것이 좋으나 사후검토를 위한 자료작성 소요시간을 고려하여 훈련종료 1일 이내에 2시간 내외로 실시하는 것이 적당하며 사후검토 시에는 훈련지침을 하달한 2단계 상급지휘관과 관계 참모, 훈련통제단 및 훈련실시단 전원이 참석하여 실시한다. 토의참가자들은 전투지휘훈련의 목적이 훈련부대의 전투력을 측정하기 위한 승패판정에 있는 것이 아니라 지휘관 및 참모로 하여금 간접적인 전장실상 체험기회를 부여하고 전투지휘능력을 배양하며, 상급지휘관과 하급지휘관이 전장상황에서 서로의 전술식견을 일치시키고 상황판단의 공감대를 형성하는 데 있다는 것을 이해해야 한다.

훈련부대가 훈련을 잘 했는가의 기준은 얼마나 내실 있는 훈련 교훈을 많이 도출하였는가에 있다. 훈련부대 지휘관과 참가자는 훈련을 통해 전투수행능력을 배양시킨다는 인식과 충분한 사전준비와 예행연습, 지휘관 및 참모훈련을 실시하여 그 숙달 정도를 시험해보고 거기서 도출한 보완사항 및 교훈을 부대의 전투력을 한 단계 격상시키는 계기라고 생각하고 겸허하게 받아들여야 한다.

▮표 6.7 기능별 보고서 항목

기능	수량	보고서 항목
지휘통제 통신	3	부대통합현황, 부대분리현황, 통신중계소 운용현황
정보	13	부대정찰결과, 화생방정찰결과, 장애물/교량정찰결과, 정찰부대운용현황, 정찰기운용현황, 정찰기운용결과, 부대탐지결과, 오염지역탐지결과, 장애물/교량탐지결과, 탐지장비운용현황, 탐지장비운용결과(그래프), 적 피폭피해관측현황, 상급부대/특별첩보현황
기동/대기동	8	근접전투현황, 직사화기사격현황, 교량설치현황, 교량복구현황, 교량파괴임무현황, 폭파물제거현황, 장애물설치현황, 장애물개척현황
화력	4	곡사화기사격현황, 곡사화기사격결과, 포탐레이더운용현황, 통합화력운용결과
항공/방공	4	공중공격현황, 공중공격결과, 강습헬기운용현황, 방공부대운용현황
방호	6	진지구축현황, 제독현황, 오염지역현황, 오염지역확산현황, 화학상황조치현황, 화학오염피해현황
전투근무 지원	9	병력후송현황, 병력복귀현황, 병력보충현황, 보급품보충현황, 장비/화기정비현황, 장비/화기복귀현황, 장비/화기보충현황, 장비/화기현장정비현황, 보급품수송대운용현황
전투력 현황	6	병력피해현황, 장비피해현황, 소멸부대현황, 전투력변화그래프, 피해요인별 피해율 그래프(병력), 피해요인별 피해율 그래프(장비/화기)
계	53	

1.1 정규분포에 대한 수학적 기초

1.1.1 연속확률분포

(1) 연속확률변수

변수 X가 어떤 구간 $[\alpha, \beta]$ 안의 모든 값을 취하고, $f(x)$가 구간 $[\alpha, \beta]$를 정의구역으로 하는 함수로서 아래의 조건을 만족할 때 변수 X를 연속확률변수라 하고 $f(x)$를 X의 확률밀도함수, 곡선 $y = f(x)$를 분포곡선이라 한다.

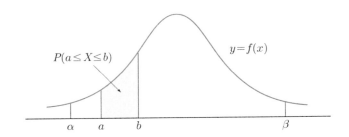

$$f(x) \geq 0 \ (단, \ \alpha \leq a \leq b \leq \beta)$$

$$\int_{-\infty}^{+\infty} f(x)dx = 1$$

변수 X가 구간 $[a, b]$에 속할 확률 P는

$$P(a \leq X \leq b) = \int_{a}^{b} f(x)dx$$

1.1.2 정규분포 $N(\mu,\ \sigma^2)$

(1) 개요

오차 발생 실험에서 참값에 가까운 측정값들은 많이 나타나는 반면 참값에 비해 매우
크거나 작은 측정값들은 적게 나타나는 현상에 대한 확률분포 모델이다.

확률변수 X가 다음과 같은 확률밀도함수를 가질 때, X는 평균 μ와 분산 σ^2인 정규
분포를 따른다.

$$f(x) = \frac{1}{\sigma\sqrt{2\pi}}\exp-\frac{(x-\mu)^2}{2\sigma^2},\ (-\infty < x < \infty)$$

(2) 정규분포의 특징

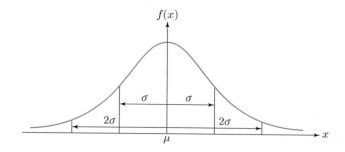

평균 μ를 중심으로 종 모양의 대칭곡선이다.

곡선과 x축 사이의 면적은 1이며, 다음과 같은 확률을 가진다.

$$P(\mu-\sigma \leq X \leq \mu+\sigma) = 0.6826$$
$$P(\mu-2\sigma \leq X \leq \mu+2\sigma) = 0.9545$$
$$P(\mu-\sigma \leq X \leq \mu+\sigma) = 0.6826$$

(3) 정규분포의 가법성

서로 독립인 두 확률변수 X와 Y가 각각 정규분포 $N(\mu_1,\ \sigma_1^2)$, $N(\mu_2,\ \sigma_2^2)$을 따른다면,

두 확률변수의 합 $X + Y$는 정규분포 $N(\mu_1 + \mu_2,\ \sigma_1^2 + \sigma_2^2)$을 따른다.

(4) 분산(variation): $V(x) = \sigma^2$

$$V(x) = \int_{-\infty}^{\infty} (x - \mu)^2 f(x) dx = \sigma^2$$

(5) 표준편차(standard deviation): σ

$$\sigma = \sqrt{V(x)} = \sqrt{\sigma^2}$$

(6) 정규확률변수의 표준화

- 확률변수 X가 정규분포 $N(\mu,\ \sigma^2)$을 따를 때, 새로운 확률변수 $Z = \dfrac{X - \mu}{\sigma}$의 확률분포는 표준정규분포 $N(0,\ 1)$이다.

- 표준정규분포의 확률밀도함수 $g(z)$는 아래와 같다.

$$g(z) = \frac{1}{\sqrt{2\pi}} \exp - \frac{z^2}{2},\ (-\infty \le z \le \infty)$$

확률변수 Z가 $[0,\ z]$에 속할 확률은 아래와 같다.

$$P(0 \le Z \le z) = \int_0^z g(z) dz$$

(7) 정규분포 곡선의 면적표

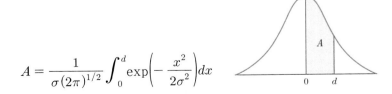

$$A = \frac{1}{\sigma(2\pi)^{1/2}} \int_0^d \exp\left(-\frac{x^2}{2\sigma^2}\right) dx$$

정규분포 곡선의 면적표

$\dfrac{d}{\sigma}$	0.00	0.01	0.02	0.03	0.04	0.05	0.06	0.07	0.08	0.09
0.0	0.0000	0.0040	0.0080	0.0120	0.0159	0.0199	0.0239	0.0279	0.0319	0.0359
0.1	0.0398	0.0438	0.0478	0.0517	0.0557	0.0596	0.0636	0.0675	0.0714	0.0753
0.2	0.0793	0.0832	0.0871	0.0910	0.0948	0.0987	0.1026	0.1064	0.1103	0.1141
0.3	0.1179	0.1217	0.1255	0.1293	0.1331	0.1368	0.1406	0.1443	0.1480	0.1517
0.4	0.1554	0.1591	0.1628	0.1664	0.1700	0.1736	0.1772	0.1808	0.1844	0.1879
0.5	0.1915	0.1950	0.1985	0.2019	0.2054	0.2088	0.2123	0.2157	0.2190	0.2224
0.6	0.2257	0.2291	0.2324	0.2357	0.2389	0.2422	0.2454	0.2486	0.2517	0.2549
0.7	0.2580	0.2611	0.2642	0.2673	0.2704	0.2734	0.2764	0.2794	0.2823	0.2852
0.8	0.2881	0.2910	0.2939	0.2967	0.2995	0.3023	0.3051	0.3078	0.3106	0.3133
0.9	0.3159	0.3186	0.3212	0.3238	0.3264	0.3289	0.3315	0.3340	0.3365	0.3389
1.0	0.3413	0.3438	0.3461	0.3485	0.3508	0.3531	0.3554	0.3577	0.3599	0.3621
1.1	0.3643	0.3665	0.3686	0.3708	0.3729	0.3749	0.3770	0.3790	0.3810	0.3830
1.2	0.3849	0.3869	0.3888	0.3907	0.3925	0.3944	0.3962	0.3980	0.3997	0.4015
1.3	0.4032	0.4049	0.4066	0.4082	0.4099	0.4115	0.4131	0.4147	0.4162	0.4177
1.4	0.4192	0.4207	0.4222	0.4236	0.4251	0.4265	0.4279	0.4292	0.4306	0.4319
1.5	0.4332	0.4345	0.4357	0.4370	0.4382	0.4394	0.4406	0.4418	0.4430	0.4441
1.6	0.4452	0.4463	0.4474	0.4484	0.4495	0.4505	0.4515	0.4525	0.4535	0.4545
1.7	0.4554	0.4564	0.4573	0.4582	0.4591	0.4599	0.4608	0.4616	0.4625	0.4633
1.8	0.4641	0.4649	0.4656	0.4664	0.4671	0.4678	0.4686	0.4693	0.4699	0.4706
1.9	0.4713	0.4719	0.4726	0.4733	0.4738	0.4744	0.4750	0.4756	0.4762	0.4767
2.0	0.4772	0.4778	0.4782	0.4788	0.4793	0.4798	0.4803	0.4808	0.4812	0.4817
2.1	0.4821	0.4826	0.4830	0.4834	0.4838	0.4842	0.4846	0.4850	0.4854	0.4857
2.2	0.4861	0.4864	0.4868	0.4871	0.4875	0.4878	0.4881	0.4884	0.4887	0.4890
2.3	0.4893	0.4896	0.4898	0.4901	0.4904	0.4906	0.4909	0.4911	0.4913	0.4916
2.4	0.4918	0.4920	0.4922	0.4925	0.4927	0.4929	0.4931	0.4932	0.4934	0.4936
2.5	0.4938	0.4940	0.4941	0.4943	0.4945	0.4946	0.4948	0.4949	0.4951	0.4952
2.6	0.4953	0.4955	0.4956	0.4957	0.4959	0.4960	0.4961	0.4962	0.4963	0.4964
2.7	0.4965	0.4966	0.4967	0.4968	0.4969	0.4970	0.4971	0.4972	0.4973	0.4974
2.8	0.4974	0.4975	0.4976	0.4977	0.4977	0.4978	0.4979	0.4980	0.4980	0.4981
2.9	0.4981	0.4982	0.4982	0.4983	0.4984	0.4984	0.4985	0.4985	0.4986	0.4986
3.0	0.4987	0.4987	0.4987	0.4988	0.4988	0.4989	0.4989	0.4989	0.4990	0.4990
3.1	0.4990	0.4991	0.4991	0.4991	0.4992	0.4992	0.4992	0.4992	0.4993	0.4993
3.2	0.4993	0.4993	0.4994	0.4994	0.4994	0.4994	0.4994	0.4994	0.4995	0.4995
3.3	0.4995	0.4995	0.4995	0.4996	0.4996	0.4996	0.4996	0.4996	0.4996	0.4997
3.4	0.4997	0.4997	0.4997	0.4997	0.4997	0.4997	0.4997	0.4997	0.4997	0.4998

3판

국방 M&S

2017년 7월 30일 초판 발행 | 2018년 8월 10일 2판 발행 | 2020년 7월 20일 3판 발행

지은이 조성식·김종환·박종복·김수찬·김민수·문형곤 | **펴낸이** 류원식 | **펴낸곳 교문사**

편집팀장 모은영 | **책임편집** 김선형 | **표지디자인** 신나리

주소 (10881) 경기도 파주시 문발로 116
전화 031-955-6111(代) | 팩스 031-955-0955
등록 1960. 10. 28. 제406-2006-000035호

홈페이지 www.gyomoon.com | E-mail genie@gyomoon.com
ISBN 978-89-363-2072-0 (93550) | **값** 20,000원

* 잘못된 책은 바꿔 드립니다.